AF377829

BOUQUETS DE FLEURS

DE LA VIE DES SAINTS

LES

ANIMAUX MODÈLES

A L'ÉCOLE DES SAINTS.

BOUQUETS DE FLEURS

DE LA VIE DES SAINTS

LES

ANIMAUX MODÈLES

A L'ÉCOLE DES SAINTS

RÉCITS D'UN ONCLE A SES JEUNES NEVEUX

PAR

H. GRIMOUARD DE SAINT-LAURENT

Auteur des *Fleurs de Sainte-Enfance.*

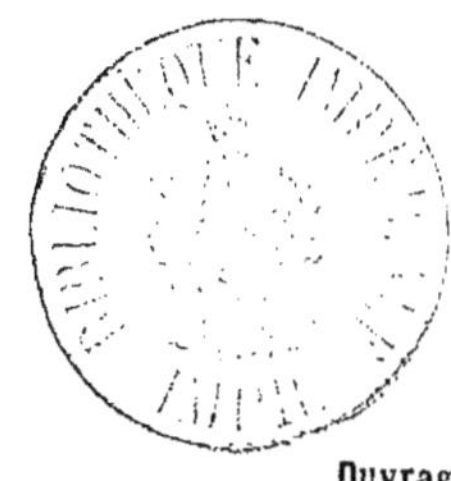

Ouvrage approuvé par Mgr l'Évêque de Poitiers.

POITIERS

HENRI OUDIN, LIBRAIRE-ÉDITEUR

RUE DE L'ÉPERON, 4.

1861

ENTRETIENS PRÉLIMINAIRES.

1ᵉʳ ENTRETIEN.

1.

IDÉE GÉNÉRALE DE CE LIVRE.

Ne soyez pas jaloux, chers enfants, votre tour est venu. Voyant passer sous vos yeux les premières feuilles du livre que j'ai offert à vos sœurs sous le titre de *Fleurs de Sainte-Enfance*, vous me demandiez, il m'en souvient, pourquoi, à peine, il y était fait mention de vous? pourquoi vous ne preniez aucune part à nos entretiens?

La réponse aujourd'hui je vous la donne : alors vous étiez trop petits, et nos entretiens dont vous pouviez écouter et saisir quelques mots dans leur ensemble dépassaient trop la portée de votre âge.

Quand approchera le jour de votre première communion, ces fleurs vous seront remises, et vous y pourrez prendre, comme étant dit à vous-même, tout ce qui s'adresse à vos sœurs. En attendant, j'ai recueilli d'autres fleurs tout exprès pour vous, et comme j'en annonçais alors la pensée, j'en ai formé d'autres bouquets que voici.

L. — Ah ! bien, bien, vous êtes un bon oncle !

A.—Ils sont pour nous ceux-là !

C.— Quel bonheur !

—Vous êtes contents, mes enfants, vous battez des mains,

*

vous trépignez plus que si je vous donnais quoi que ce soit qui dût servir à vos plaisirs. Vous devinez, j'aime à le croire, que ce petit livre n'est pas uniquement destiné à vous amuser, il doit principalement vous apprendre à demeurer toujours de bons petits enfants, à devenir des hommes au cœur noble et généreux, à vous montrer par-dessus tout de bons et solides chrétiens. C'est pour cela que vous m'en aurez une reconnaissance plus durable.

Prenez ce petit livre: L... dès à présent, comme un grand garçon, le pourra lire et il en racontera les plus jolies histoires à ses frères. A... le sachant fait pour lui, s'en servira pour prendre avec plus de goût et de zèle ses leçons de lecture, et le petit C... se hâtera d'apprendre à lire pour en profiter à son tour.

C.—Je voudrais apprendre à lire tout de suite.

L. — J'aperçois le titre du livre, et je lis les *Animaux modèles*. Comment pouvez-vous faire des *bouquets de fleurs* avec des histoires d'animaux?

—Les fleurs recueillies pour vous, mes enfants, ce sont des traits de la vie des saints; ce sont toujours ou des vertus qui brillent dans leurs actions, ou des miracles que le bon Dieu fait pour les glorifier.

En les appelant ainsi, j'indique la liaison qui rattache ce livre au précédent, et je continue de suivre l'exemple des pieux auteurs qui ont réuni les principales actions de la vie des saints, sous le titre de *Fleurs de la vie des Saints*. Bon nombre des histoires que je vous raconterai, sont même tirées d'un charmant recueil intitulé *Fioretti*, c'est-à-dire *Petites fleurs de saint François*.

Je donne ensuite à ce livre le titre particulier d'*Animaux soumis à Dieu et aux Saints*, pour exprimer la nature du nouveau choix que j'ai fait dans leurs vies.

J'ai recherché parmi les traits qui les montrent en possession de l'empire, que l'homme au commencement exerçait sur les animaux, ceux qui peuvent le mieux vous intéresser et vous instruire.

II.

IDÉE DE LA ROYAUTÉ PACIFIQUE DE L'HOMME SUR LES ANIMAUX.

Adam, notre premier père, exerçait effectivement un souverain empire sur les animaux, il l'a laissé perdre par sa faute, les saints le recouvrent par leurs vertus.

L. — Quel était cet empire d'Adam? est-ce que toutes les bêtes venaient quand il les appelait?

— Sans doute, et nous aurions le même pouvoir, si le péché n'y mettait obstacle.

En attendant que je vous raconte d'après le récit de Moïse, comment le bon Dieu l'investit de ce pouvoir souverain, écoutez ce qu'en disait le saint roi David, parlant de l'homme au bon Dieu :

« Vous lui avez soumis toutes choses, toutes les brebis, tous les bœufs, jusqu'aux animaux qui courent en liberté dans les champs, les oiseaux du ciel, les poissons qui errent par les sentiers des mers. »

L. — Sans le péché d'Adam, toutes les bêtes nous seraient donc soumises comme des bœufs et des moutons ; je voudrais bien qu'Adam n'eût pas péché.

— Prenez garde, dans l'état d'innocence vous n'auriez point usé de ce pouvoir comme vous le faites maintenant d'une manière probablement très-tyrannique, je reviendrai sur ce sujet; mais avant, je vous montrerai que le pouvoir dont nous parlons eût été plus grand encore que les exemples cités ne vous en donneraient l'idée.

Un seul petit berger dirige un nombreux troupeau, un attelage de grands bœufs se laisse conduire par un jeune bouvier ; mais croyez-vous qu'il leur suffit de dire à leurs bœufs où à leurs moutons : faites ceci ou cela, pour qu'ils le fassent.

A. — J'ai bien vu comment ils font ; le berger se fait aider de son chien, le bouvier pique ses bœufs de son aiguillon.

— Il est donc nécessaire que ces animaux soient accoutumés à craindre le piquant de l'aiguillon et la dent du chien.

Au chien lui-même, au contraire, il n'y a qu'à lui parler pour le faire obéir. Le fidèle animal n'attend pas même la parole de son maître ; il cherche dans ses yeux ce qu'il doit faire pour lui être agréable.

Quand le petit C... appelle Médor, Médor manque rarement d'accourir.

A. — Il vient se faire caresser, au risque pourtant quelquefois de se faire aussi tirer les oreilles.

— Tout cela se fait de bonne amitié, et d'une manière d'autant plus généreuse de la part du pauvre chien, qu'il a parfois quelques misères à souffrir.

Dans tous les cas, ce n'est assurément pas la crainte qui le fait venir à la voix de cet enfant ; il vient parce qu'il l'aime.

Comprenez à cette occasion, chers enfants, qu'il n'y a pas d'autorité bien complète si elle n'est fondée sur l'amour.

Le bon Dieu lui-même, pour se faire obéir, cherche pardessus tout à se faire aimer. Les pères ne sont jamais bien assurés de la soumission de leurs enfants, les maîtres de leurs domestiques, s'ils ne s'en font aimer. Avec de la douceur et des caresses, vous tirerez toujours meilleur parti des animaux que vous ne le feriez en recourant aux paroles dures et aux mauvais traitements.

Quand Adam aimait parfaitement le bon Dieu, lui était soumis, tous les animaux l'aimaient de même, le craignaient d'une crainte respectueuse qui n'avait rien de servile. De son côté, il les aimait aussi, comme étant les œuvres de leur commun auteur, et pour les qualités qu'il reconnaissait en eux. Il savait à quoi chacun d'eux était propre, la mesure de leurs forces; il ne leur demandait rien que de bon, que de juste, rien qui ne leur fût agréable.

Vous exprimiez il y a un instant le désir de jouir de son pouvoir sur les animaux; eh bien! dites-le moi, qu'en feriez-vous?

L. — Oh! j'en prendrais beaucoup.

— Et vous les prendriez, les pauvres bêtes, pour les tuer, pour les faire souffrir, tout au moins pour les traiter en esclaves.

L. — Est-ce qu'il n'est pas permis de les tuer?

— Je ne vous dis pas qu'il ne nous soit pas permis d'en tuer pour nous nourrir, pour leur enlever leurs riches fourrures, pour nous en servir, en un mot, autant que nous en avons besoin, nous pouvons même les chasser pour notre plaisir. Cela vous est permis : faites-le tant qu'il vous plaira dans le temps, le lieu et de la manière convenable; mais pour le faire, vous n'avez pas besoin de plus de pouvoir que vous n'en avez.

Tenez... vous voyez les oiseaux qui passent sur nos têtes, il vous est permis de les prendre.

A. — Mais ils ne veulent pas se laisser prendre!...

— Eh bien! ayez des appâts, inventez des pièges, attendez l'hiver, et quand la nourriture sera devenue rare, quand, les malheureux! il leur faudra chercher un abri, vous profiterez de leur détresse, et vous mettrez sur eux une impitoyable main.

Mais souffrez pour cela même qu'ils vous fuient, car vous

êtes leurs ennemis. Comprenez que le bon Dieu par la puissance de votre industrie, s'il vous permet d'en atteindre quelques-uns, ne pourrait dans sa sagesse vous laisser disposer de tous.

Il tient à conserver leur espèce, et à chacun de ces êtres dans leur modeste sphère, il entend laisser, pendant leur courte vie, la part de jouissance dont il les a rendus capables; car il est un bon père, et sa sollicitude s'étend sur toute créature.

Vous seriez pour eux des maîtres cruels, dans l'état d'innocence vous eussiez exercé à leur égard une douce royauté.

Savez-vous l'idée qu'il faut se faire d'un roi ?

L. — Un roi a des sujets pour se faire obéir.

— Un roi a des sujets pour les rendre heureux. Il faut sans doute qu'il en soit obéi, autrement il ne serait pas roi, mais c'est afin que l'accord de tous fasse le bonheur de chacun.

Aujourd'hui voilà comment nous savons user de notre supériorité sur les animaux. C... vient de prendre ce papillon...

A. — Il lui a arraché les ailes !

— Avec plus de soucis de la science, il l'eût percé d'une épingle pour enrichir une collection.

Sans aile ou piqué sur un carton, la pauvre petite bête va bientôt mourir, se dessécher, vous ne le verrez plus voltiger de fleur en fleur, vous ne le verrez plus déployer sa trompe déliée pour en humer le suc, vous ne verrez plus l'or, la pourpre, l'azur de ses soyeux duvets, de ses fines écailles briller au soleil de tant de reflets. Vous régnez si vous le voulez, mais sur un corps mort.

Oh ! que j'en jouirais bien mieux, si je pouvais lui dire : Petit papillon, viens ici, et je cueillerais cette fleur, et il viendrait s'y reposer. A ma demande, tour à tour il déploierait ses ailes, il les fermerait sous mes yeux.

Petite créature du bon Dieu, lui dirais-je, quelle est ta place dans ce monde où il t'a mis, quels moyens as-tu de le louer? Quelle harmonie rend utile à ton organisation, à ta frêle existence, ces six pattes longues et flexibles réunies sous ta poitrine; pourquoi ces crochets délicats qui les terminent? Dis-moi, quelles liqueurs variées circulent dans l'étroit espace de ton corps et y entretiennent la vie? dis-moi à quoi te servent ces palpes, qui semblables à deux gracieux panaches, ornent le devant de ta tête?

Toutes ces questions, les savants les lui font. Comme vous le pensez, le pauvre insecte ne peut répondre. Armés alors d'un scalpel, ils le déchirent, ils le dissèquent, comptent une à une toutes ses articulations, toutes ses fibres, on pèse, on analyse tous les atomes de son corps.

Les savants qui le font, je les en loue, autant ils surprennent de secrets à la nature, autant ils me donnent de nouveaux motifs de célébrer son divin auteur.

Mais après tout, ils ne font que mieux sentir l'état d'impuissance où le péché nous a réduits, ils n'opèrent que sur un cadavre, sur des substances déjà en partie décomposées, ce n'est plus mon gentil petit papillon, aux mouvements prestes et légers; ils n'en jouissent pas comme j'aurais voulu, comme nous aurions dû en jouir.

2ᵉ ENTRETIEN.

I.

IDÉE DE CE QU'IL FAUT FAIRE POUR RECOUVRER L'EMPIRE PERDU PAR ADAM.

Je vous ai dit, mes enfants, comment je comprenais le pouvoir que dans l'état d'innocence nous aurions exercé sur les animaux; ce pouvoir, Adam par sa faute l'a perdu, et chaque jour par nos penchants égoïstes et grossiers nous nous en rendons indignes.

J'ai ajouté que les saints l'avaient recouvré par leurs vertus, je me propose d'entrer avec vous en quelques nouvelles explications pour vous donner à comprendre quelle est la nature de ce nouveau pouvoir.

Pour tempérer la rigueur de la condamnation prononcée contre Adam, le souverain juge ne lui donna-t-il pas aussitôt un gage de son infinie miséricorde?

L. — Il lui promit un Sauveur.

— Ce Sauveur devait lui rendre et rendre à sa postérité tout ce qu'ils avaient perdu. N'est-il pas venu ce divin Sauveur?

A. — Oui, certainement, c'est Notre-Seigneur Jésus-Christ.

— Nous devrions donc être rentrés en possession de tout ce que nos premiers parents ont perdu?

L. — Nous n'avons pourtant pas le pouvoir de commander aux bêtes comme ils l'avaient!

— Nous ne sommes pas non plus exempts des misères de cette vie comme ils l'étaient, nous mourons et ils ne devaient pas mourir.

En affirmant que Notre-Seigneur Jésus-Christ nous avait rendu pas ses mérites, autant et plus que nous n'avions perdu, je n'ai pas prétendu que ce fût ni de la même manière, ni surtout sans conditions de notre part.

Ce qu'il nous donne, c'est à nous de le recueillir par notre active coopération.

Si au contraire nous refusons ses bienfaits, il est évident qu'ils ne peuvent nous profiter, et notre état, loin de s'améliorer, doit s'empirer sans mesure.

Vous vous souvenez de ces petits pauvres pour qui votre mère a fait faire des habits neufs ?

L. — Les pauvres petits, ils étaient tous en haillons !

A. — C'est C... qui a voulu leur remettre leurs beaux habits neufs ; ils étaient bien contents.

— Supposez qu'au lieu d'accepter ces habits neufs, les petits malheureux les aient rejetés et se soient obstinés à conserver leurs anciens vêtements ; comment les bienfaits de votre mère auraient-ils pu leur profiter ? Leurs haillons se seraient au contraire déchirés de plus en plus, et leur état eût été pire que jamais.

L. —Est-il possible de préférer des saletés pareilles à de beaux habits neufs ?

— Nous le faisons, hélas ! tous les jours, quand aux grâces du bon Dieu, aux moyens de sanctification qu'il nous offre, nous préférons nos aises ; nous préférons ce qui semble devoir satisfaire notre gourmandise, nos désirs de vengeance, et tant d'autres choses plus vilaines encore.

Le plus souvent nous ne refusons pas entièrement les beaux habits neufs que nous offre la bonté divine, nous consentons à nous dépouiller des plus dégoûtants de nos pauvres guenilles ; mais nous ne les rejetons pas toutes, et nous ne les rejetons pas avec toute l'horreur qu'elles doivent inspirer.

Comment voulez-vous donc que nous soyions dès à présent parfaitement renouvelés?

Il y a aussi quelques hommes au cœur vraiment pur, il y a de charmants enfants qui n'hésitent pas à se prêter sans réserve aux vues miséricordieuses et libérales du bon Dieu, ils jettent loin d'eux tout ce qui leur reste de leur vieille défroque, pour n'y plus songer.

Chez eux alors, dès cette vie, avec une abondance qui surpasse de beaucoup les prérogatives de l'état d'innocence, se manifestent tous les fruits de la rédemption.

Ce sont les saints !

Ils recouvrent en particulier le pouvoir du premier homme sur les animaux, mais non pas dans les mêmes conditions, il leur est accordé d'une manière bien supérieure.

Au premier homme il était comme naturel, il pouvait l'exercer en quelque sorte en son propre nom. Pour les saints c'est un don surnaturel qu'ils n'exercent et ne peuvent exercer qu'au nom de Notre-Seigneur Jésus-Christ; mais aussi qui l'emporte de toute la supériorité de ce divin Sauveur sur Adam.

L. — Je ne comprends pas bien ce que c'est que d'être naturel ou surnaturel.

— Je ne m'en étonne pas, chers enfants; beaucoup d'hommes vieillissent malheureusement sans le mieux comprendre pour ne s'être pas familiarisés dans leurs premières années avec des pensées qui devraient être la règle de toute notre existence.

Puisse le petit enfant Jésus mettre tant de simplicité et de clarté dans ma bouche, que je vous le fasse comprendre; puisse-t-il au moins tirer tant de persuasion de mon cœur que mes paroles passant sans vous causer d'ennui, vous laissent une impression favorable, en vous disposant à rechercher plus tard sur cet important sujet des explications plus complètes.

II.

IDÉE DE LA VIE NATURELLE ET DE LA VIE SURNATURELLE.

Vous possédez la vie, mes enfants, vous le savez.

A. — Oh! oui, quand on est mort, on ne peut ni parler ni entendre.

— Il faut que vous appreniez à distinguer en vous deux vies fort différentes quoiqu'entées l'une sur l'autre; la vie naturelle qui consiste dans l'union de l'âme et du corps, et la vie surnaturelle qui consiste dans l'union de l'âme avec le bon Dieu.

La première nous est donnée en naissant, on la perd par la mort.

La seconde nous est donnée par les mérites de Notre-Seigneur Jésus-Christ, dans le sacrement de baptême, on la perd par le péché.

Chacune de ces vies est entretenue par des moyens qui lui sont propres, chaque jour, vous mangez, vous buvez, vous dormez, et si vous ne le faisiez pas?

L. — Nous mourrions.

— Vous mourriez un peu plus tôt, mais, quoique nous fassions, la vie naturelle aboutit toujours à la mort.

La vie surnaturelle, au contraire, aboutit à la vie éternelle qui n'en est que la prolongation et le complément.

Et que faites-vous pour entretenir une vie si précieuse?

Chaque jour, ne faites-vous pas quelque chose pour le bon Dieu?

A. — Tous les jours nous faisons notre prière.

— Le dimanche vous allez à la sainte messe, vous vous

êtes déjà confessés ; à une époque peu éloignée, vous ferez votre première communion et vous continuerez ensuite à vous approcher du divin sacrement des autels.

La prière, les sacrements sont indispensables à la vie surnaturelle comme les aliments le sont à la vie du corps.

Vous ferez toujours pour le bon Dieu, chers enfants, au moins le nécessaire, j'en ai la confiance, le nécessaire au moins à défaut duquel on perd la vie de la grâce, puis le ciel pour aller en enfer.

Mais il y a loin de là à faire tout ce que demande cette vie, la seule qui ait réellement de la valeur par elle-même. La vie naturelle n'en a qu'à la condition de lui servir de base et de point d'appui, comme le sauvageon qui ne donne pas de fruits ou n'en donnant que de détestables, porte une ente qui en produit d'abondants et de délicieux.

Les saints ne se contentent pas, pour la vie de la grâce, de faire beaucoup, ils font tout pour elle, tout pour le bon Dieu.

Je préviens une objection que vous me feriez, sinon dès aujourd'hui, infailliblement plus tard : Est-ce, me diriez-vous, qu'ils sont si occupés de penser au bon Dieu, de le prier, d'aller dans les églises, qu'ils soient dispensés de boire et de manger ?

Ils ne sont pas, sans doute, ordinairement affranchis de ces nécessités de la vie présente, mais ils se conforment aux paroles de saint Paul.

« *Soit que vous mangiez, soit que vous buviez, quelque chose que vous fassiez*, disait ce grand apôtre, *faites tout pour la gloire de Dieu.*

C'est-à-dire qu'ils surnaturalisent leurs actions les plus vulgaires en les offrant au bon Dieu.

Et vous même, pourquoi ne le feriez-vous pas ; les paroles de saint Paul s'adressent à tous les chrétiens, même aux petits enfants. Que dis-je, mais vous avez déjà commencé à le faire, pourquoi fait-on la prière avant le repas, avant l'étude si ce n'est pour les offrir au bon Dieu, les sanctifier, les surnaturaliser.

En effet, chers petits amis, dès à présent vous ne pouvez être des officiers, des magistrats, des savants, mais il n'est pas au-dessus de votre âge d'être des saints, et je mourrais de joie si je savais pouvoir jamais décider quelqu'un de mes jeunes lecteurs à le devenir.

Vous n'en êtes pas là, mais vous ne demandriez pas mieux que de sanctifier quelques-unes de vos actions en les offrant au bon Dieu. Le difficile c'est d'y penser, j'en conviens. Souvent on n'y pense même pas en faisant ses prières.

Faites-le au moins quand vous y pensez, ne serait-ce qu'une fois, deux fois, trois fois par jour; ne serait-ce qu'une fois dans la semaine, une fois dans le mois.

Il y a quelque chose de mieux à faire encore : On offre au bon Dieu toutes ses actions, toutes celles de la journée, toutes celles de la semaine, de l'année, de la vie. Cette offrande, une fois faite, a son efficacité aussi longtemps qu'on ne la rétracte point, soit par une pensée, soit par un acte contraire. Puis, d'ailleurs, le plus souvent possible on le renouvelle.

C'est par de semblables moyens que les saints vivent tout entiers de la vie surnaturelle, qu'ils vivent dans une union parfaite avec le bon Dieu.

III.

IDÉE DU POUVOIR SURNATUREL DES SAINTS SUR LES ANIMAUX.

Nous allons voir maintenant la conséquence d'une parfaite union avec le bon Dieu.

Entre frères bien unis, tout ce qui est à l'un n'est-il pas comme à l'autre?

Pendant les vacances dernières, L. pour je ne sais quelle petite faute avait été privé de dessert; A. ne lui faisait-il pas furtivement passer une partie du sien par-dessous la table?

A. — Je m'en souviens, vous étiez entre nous, et c'était sur vos genoux que nous nous donnions la main.

— Et je n'eus garde de vous trahir.

Eh bien! unis avec le bon Dieu comme le sont les saints, ils peuvent en quelque sorte user de tout ce qui lui appartient comme étant à eux.

L'appel que j'ai fait à vos souvenirs ne vous en donne qu'une bien pauvre image; je ne voudrais pas assurer qu'il n'y ait jamais de petites querelles entre vous sur le tien et le mien : entre le bon Dieu et les saints, il règne toujours le plus parfait accord.

Je vous comparerais à des enfants possédant la pleine confiance de leur père, et pouvant user dans sa maison de sa table, de ses chevaux, de ses gens, de ses équipages, avec une pleine liberté, que je ne dirais pas assez.

Les saints usent donc de la sagesse, de la puissance du bon Dieu, dans une mesure dont nous ne pouvons pas connaître les bornes.

Et voilà comment ils ont en particulier tant de pouvoir sur les animaux. Voilà comment au lieu de recouvrer seulement à cet égard les prérogatives du premier Adam, ils jouissent de celles du second Adam, c'est-à-dire de l'homme Dieu, de N.-S. Jésus-Christ.

Il fait lui-même tout ce qu'ils demandent, il l'a promis; c'est ainsi qu'ils peuvent faire en son nom de plus grandes merveilles qu'il n'en avait fait lui-même; ils diraient aux montagnes de se jeter dans la mer qu'elles s'y jetteraient, car rien ne résiste à celui qui par la foi est parfaitement uni à ce divin Sauveur.

Vous vous souvenez de ces petits chardonnerets que vous aviez commencé à élever.

A. — Oh ! qu'ils étaient gentils, ils venaient quand nous les appellions, ils commençaient à se tenir sur notre doigt.

C. — Les petits oiseaux... le vilain chat les a tués.

— En leur continuant vos soins, si vous vous y étiez bien pris, vous auriez pu parfaitement les apprivoiser ; devenus grands et mis en liberté, il n'eût pas été impossible qu'ils fussent encore venus se reposer sur votre main, et y manger les miettes de pain que vous leur auriez donné.

Cela n'eût pas dépassé la puissance naturelle qui nous est restée sur les animaux.

Mais vous voyez devant vous voltiger ces autres chardonnerets, leur père et leur mère, peut-être, qui les cherchent encore, eux, ils n'ont pas été apprivoisés étant petits. Or, un saint homme se présente, les voit pour la première fois et leur dit : « Venez, petits oiseaux, vous poser sur ma main et manger ces miettes de pain, » ils ont obéi. Si semblable chose arrivait, avec grande apparence de raison, nous cririons au miracle. Il n'y aurait rien là pourtant qui eût été au-dessus de la puissance naturelle de l'homme dans la première intégrité de la création.

Supposez quelque chose de plus ; l'homme de Dieu prend les corps de ces pauvres petits que le chat vous a tués et vous les rend pleins de vie. Voilà jusqu'où peut aller la puissance surnaturelle des saints ; et assurément c'eût été de tout temps au-dessus des forces de la nature de l'homme : il n'appartient qu'à l'auteur de la vie de la rendre aux créatures qui l'ont perdue.

Nos histoires vous offriront des exemples de ces trois sortes de pouvoirs exercés par les saints sur les animaux.

Le pouvoir que nous pouvons encore naturellement obtenir sur eux avec des soins et de l'affection.

Le pouvoir que nous aurions eu sans le péché comme rois de la création.

Le pouvoir qui en propre ne peut appartenir qu'au souverain Créateur.

Chacun de ces pouvoirs est une source de merveilles, le premier même, car nous ne savons pas jusqu'où peuvent aller les puissances naturelles bien dirigées comme elles le sont dans les saints.

Il est donc quelquefois très-difficile de distinguer si tel fait merveilleux dépasse les forces de la nature, s'il est un miracle en un mot, ou ne les dépasse pas et n'en est pas un. A l'Eglise seule il appartient d'en décider, et vous devez toujours, chers enfants, vous soumettre sur ce point et sous tous les autres à ses jugements, comme je le fais moi-même de la manière la plus absolue pour me conformer au décret du pape Urbain VIII.

Dans un quatrième et dernier entretien, je vous dirai le degré de confiance que vous pouvez avoir dans la vérité des faits que je vous raconterai.

Auparavant, j'en consacrerai un troisième à vous donner quelques explications sur le fond et la forme de nos récits, la forme dont je prends la responsabilité, le fond qui appartient au bon Dieu, et où je tâcherai de vous faire apercevoir combien il sait mettre de grandeur et de sagesse dans l'emploi des plus petites choses.

3ᵉ ENTRETIEN.

I.

IDÉE DES HISTOIRES IMAGINAIRES ET DES FABLES.

Entendez-vous raconter une histoire? Est-elle surtout un peu merveilleuse. Votre première question est de demander si elle est bien vraie : apprenez-vous qu'elle n'est pas vraie :

L.—Elle est alors bien loin de me faire autant de plaisir.

— Parmi vos heureuses dispositions, chers petits amis, cet amour de la vérité est une de celles dont je me réjouis davantage. Et moi-même, je n'aime rien tant que le vrai, surtout pour les enfants.

La plupart cependant des petits livres que l'on écrit pour votre âge sont remplis d'historiettes de pure invention.

Elles peuvent malgré cela, je le sais, être vraies dans leur genre.

L. — Comment peuvent-elles être vraies, si elles sont inventées ?

— Elles peuvent être vraies dans ce sens, par exemple, qu'elles sont réellement conformes à la vérité des caractè-res, aux conséquences que telles ou telles actions doivent entraîner.

Ainsi, on vous raconte qu'un petit garçon, nommé Er-nest, pour cacher une désobéissance, a fait un gros men-songe; ce mensonge en a amené d'autres; de menteur il est devenu sombre et dissimulé, il a perdu la confiance de ses parents, les douces affections de sa famille, il fait de mau-vaises connaissances, devient un franc mauvais sujet, et par une série d'aventures on vous le montre arrivant au bagne,

**

où il termine misérablement sa vie, et tout cela d'abord pour une simple désobéissance.

A. — Est-il possible? cette histoire me ferait peur !

— Il n'y a pas grand motif de vous émouvoir, cet Ernest n'a jamais existé, les aventures qu'on lui suppose sont toutes imaginaires. Ordinairement un enfant, d'ailleurs bien élevé, s'il a le malheur de faire un mensonge, en a regret peu après; il l'avoue, en demande pardon et ne devient pas pour cela un mauvais sujet.

Voilà ce qui est vrai, cependant, une seule petite faute si on n'y prend garde peut avoir toutes ces affreuses conséquences. Il y en a qui finissent mal et n'ont pas autrement commencé. Un enfant habituellement menteur, obstiné dans le mensonge, doit donner à ses parents de très-grandes inquiétudes, tout cela n'est que trop vrai.

Vous voyez comment les histoires de ce genre peuvent contenir des vérités morales, de sages enseignements; mais livré aux fantaisies de sa propre imagination, l'auteur n'inspire à ses jeunes lecteurs ordinairement qu'une médiocre confiance; il les amuse, sans leur toucher le cœur, et les accoutume à chercher dans les livres, plutôt un passe-temps frivole qu'un profit sérieux.

Les histoires vraies dans toutes leurs circonstances valent assurément beaucoup mieux, et c'est avec cette persuasion que j'ai cherché si on ne trouverait pas dans la vie des saints des récits qui fussent à la fois vrais, attachants, amusants même, et profitables pour cette vie et pour l'autre.

Quant à imaginer des histoires pour vous, mes enfants, les meilleures à mon avis sont les plus sobres de faits; elles n'en contiennent pas que vous ne soyez à portée de voir tous les jours. Vous pourrez vous y reconnaître alors, et vous comprenez sans peine ce qu'elles renferment de sérieusement vrai.

C'est aussi l'avantage des fables ; plus la fiction est éloignée de la réalité, plus il est impossible de s'y méprendre.

Quand maître renard vient saluer Monsieur du corbeau et lui offrir ses compliments, vous savez fort bien que renard n'a jamais parlé et jamais corbeau chanté pour obtenir les applaudissements d'aucune bête que ce soit. Et vous n'en saisissez que mieux la morale de cette fable.

L. — C'est que les gens qui vous flattent veulent immanquablement vous attraper quelque chose.

— Et on s'y laisse prendre presque inévitablement avec un orgueil comme celui dont le corbeau de la fable est l'image.

Les bêtes, dans l'état habituel où nous les voyons maintenant, méchantes, cruelles, indociles, incommodes, défiantes, sauvages, insensibles, nous montrent ce que nous sommes devenus nous-mêmes par le péché ; et ne croyez pas que cette comparaison soit inventée à plaisir, elle est de David, le roi prophète :

« L'homme, s'écrie-t-il, qui d'abord avait été élevé en » honneur, s'est rendu semblable aux bêtes sans raison, » qui ne peuvent comprendre. »

Ainsi, tel est malin comme un singe, tel orgueilleux comme un paon.

L. — On dit aussi entêté comme un mulet.

A.—Bavard comme une pie.

— Le loup, le chien, le tigre, et jusqu'à l'animal immonde qui se roule dans la fange, peuvent être l'image d'autant de nos défauts et de nos vices.

Quelquefois, au contraire, nous voyons dans les bêtes les qualités que nous devrions avoir et que nous n'avons pas toujours. Le chien est fidèle, le bœuf laborieux, le cheval plein de courage.

Il n'est pas jusqu'au moindre insecte qui ne puisse nous

donner de bons exemples : à la fourmi, nous en devons d'union et d'économie ; l'abeille nous apprend à recueillir le suc de chaque chose ; c'est-à-dire ce qu'elles nous offrent de bon, de juste, de profitable, tandis que le papillon, passant de fleur en fleur sans en rien emporter, nous est tour à tour ou une image de la frivolité, ou un emblème au contraire des âmes les plus saintes qui ne font qu'effleurer les choses de la terre.

Voilà bien pourquoi, dans les fables, on peut faire parler et agir les animaux comme s'ils étaient des hommes, pour rendre plus piquante la morale qu'elles doivent toujours renfermer.

II.

IDÉE DE NOTRE LANGAGE EMPRUNTÉ AUX FABLES SANS BBODERIES ÉTRANGÈRES A NOTRE SUJET.

Dans nos récits également les bêtes sont mises en scène, pour nous instruire avec les caractères qu'elles nous peuvent représenter, et j'ai quelque peu emprunté aux fables de leur forme dramatique ; mais la ressemblance ne va pas plus loin, et au lieu du rôle purement fictif que les fables font jouer aux bêtes, je n'attribuerai rien à celles-ci dont elles ne soient susceptibles avec la puissance du bon Dieu. Je ne leur attribue rien de si extraordinaire que le bon Dieu lui-même ou les Saints aidés de sa puissance ne leur aient fait faire réellement.

Ainsi le bon Dieu est toujours l'acteur principal, caché derrière les autres personnages, et mieux encore, il est l'auteur de ces petits drames, dont je ne suis que le faible interprète.

Voyons, cependant, à cela n'y a-t-il rien à dire ?

Je prends aux fables quelque chose de leurs formes, mais n'est-ce pas altérer la simplicité de l'histoire primitive, et tomber même dans la fable, tout en me flattant de tenir à la vérité ; ne broderais-je pas un peu ?

A.—Comment, broder ?

— Oui, voyez : je prends vos habits simples comme ils sont, je les fait orner de riches broderies avec des paillettes, des galons d'or et de soie, et je dis voici les habits de ces enfants, voyez comme ils sont richement mis, on vous prendrait pour des princes, en vérité.

L.—Mais alors ce ne seraient plus nos habits ?

— Cependant le fond en serait resté. De même, prenez une histoire, ajoutez-y, sous prétexte de la rendre plus attrayante, des ornements qui la dénaturent ; bien que vous en ayez conservé le fond, ce n'est véritablement plus la même histoire. C'est ce qui s'appellerait la broder. Soyez assurés que je n'ai pas brodé de cette façon.

Je ne vous dis pas que je n'ai jamais ajouté un mot aux auteurs à qui j'ai emprunté mes récits, mais vous allez voir de quelle manière.

Vous avez vu passer la revue du régiment, et vous avez remarqué le général ?

A. — Oui ; il avait un habit brodé d'or et un chapeau à plumes.

—Désormais vous connaissez donc les insignes d'un général, et je vous dirais : Voici le général qui passe en grand uniforme. Vous pourriez avec assurance appeler C..., votre petit frère, lui dire : « Viens voir le général qui passe ; » et ajouter, pour mieux exciter son attention : « Viens, viens, il a un habit brodé et un chapeau à plumes. » Vous pourriez de même décrire tout le reste de sa tenue, son épée, ses épaulettes, d'après ce que vous en saviez d'avance, bien que dans ce moment je ne vous en eusse point parlé.

En un mot, broder l'habit d'un général, c'est le présenter tel qu'il doit être; broder l'habit d'un simple officier, ce serait le rendre méconnaissable.

Les auteurs anciens ont souvent l'expression qui fait trait, on trouve chez eux les images les plus gracieuses; je n'ai alors qu'à les reproduire.

Mais il arrive aussi qu'ils énoncent le fait si succinctement, que mes récits, si je m'en contentais, seraient bien arides.

Ajouter les circonstances que je sais d'ailleurs, ou qui résultent de la nature même du fait, ce n'est pas altérer la vérité, c'est la compléter.

Ainsi, je lis qu'un saint abbé exerçait une si douce influence autour de son monastère, que les loups même de la forêt voisine perdaient leur nature féroce.

L'un d'eux tint compagnie pendant toute une journée à un jeune frère, tandis qu'il gardait les bestiaux de la communauté, et le soir il lui aida à les ramener à l'étable [1].

L.—Mais c'était un vrai chien !

— Vous le dites, l'auteur ne le dit pas; cependant vous avez toute raison de le dire; le loup est une espèce de grand chien sauvage, quand il perd ses instincts cruels pour remplir l'office d'un chien domestique; je puis décrire tous ses mouvements d'après la connaissance que j'ai de la conduite de celui-ci en pareille circonstance.

III.

IDÉE DE LA GRANDEUR ET DE LA SAGESSE DE DIEU DANS L'EMPLOI DES PETITS MOYENS.

Ce que je viens de vous raconter est vraiment fort joli

[1] Boll., *Vie de saint Norbert.*

pour un loup, n'est-il pas vrai? Mais est-il croyable que le bon Dieu s'amuse lui-même à changer l'ordre de la nature pour de semblables bagatelles.

Passe encore pour l'histoire de ce loup, parce qu'après tout le loup, comme vous le dites, est une espèce de chien, et si on parvenait à l'apprivoiser, il ne serait pas peut-être pas naturellement impossible d'en obtenir de semblables services.

Puis enfin cela signifie quelque chose : l'influence d'un saint dans une contrée dont les mœurs sont encore rudes et grossières pour les adoucir et les civiliser. Les hommes étaient comparables à des loups; les loups deviennent doux, serviables pour annoncer que les hommes vont aussi le devenir, ou pour les faire rougir d'eux-mêmes s'ils ne se hâtent de le faire.

Mais des histoires comme je vais vous en conter!... faire porter à un lion ou à un ours la charge d'un âne, par exemple!

A.—Oh! oh! un lion qui porte la charge d'un âne, ce doit être bien amusant!

—Vous en verrez de bien plus belles : saint François prêchant aux oiseaux et saint Antoine de Padoue aux poissons; et mieux encore un miracle pour ressusciter l'animal favori d'un saint.

Voyons si ces histoires ne signifient rien; si elles sont indignes du bon Dieu? Les explications que je donnerai, lèveront également toutes difficultés à l'égard des autres; je ne vous en raconterai pas en effet de plus incroyables, parmi celles du moins qui sont tirées de la vie des Saints; car l'histoire de l'âne de Balaam parlant à son maître, empruntée à la sainte Bible, les dépasse toutes.

L.—Je me la rappelle, il le battait, et l'âne se plaignait d'être battu.

— Un animal est mort, il ressuscite; c'est tout simplement de la part du bon Dieu renouveler la merveille de la création : faire parler une bête sans raison comme si elle en avait, c'est il me semble quelque chose de plus fort, de plus en dehors de sa nature.

Et faire parler un âne, n'est-ce pas aussi la plus drôle de chose qui se puisse imaginer ?

La chose s'est faite cependant, elle est certaine. Le bon Dieu ne l'a point faite pour amuser les petits enfants et faire rire les oisifs. Il l'a fait sans doute afin de donner à comprendre jusqu'où peut aller l'aveuglement d'un faux prophète. Il l'a fait afin de rendre plus sensible les bénédictions dont il entendait combler son peuple, et en général tous ceux qui se donnent à lui.

Que sais-je encore! le bon Dieu ne m'a point mis dans ses secrets. On ne peut tout au moins douter, puisqu'il a fait cela, qu'il n'ait eu, en le faisant, des vues dignes de lui et infiniment sages.

C'est en pensant à cette sagesse infinie que je dis : le bon Dieu ne l'a point fait pour amuser les petits enfants.

Mais suis-je bien sage moi-même de parler ainsi? Est-ce à moi de mesurer la sagesse du bon Dieu?

N'est-il pas le Dieu des petits enfants, et les hommes ne sont-ils pas de grands enfants, qu'il faut souvent amuser pour les gagner à la vraie sagesse?

Aucun moyen n'est petit quand le but est grand. Puis qui est-ce qui est petit et qui est-ce qui est grand aux yeux du Seigneur? Il balance dans sa main le soleil et des milliers de monde, et il arrête avec complaisance ses yeux sur l'atome que nous voyons comme un imperceptible diamant briller aux rayons du jour.

Il veille sur le moindre des passereaux, comme un prudent pourvoyeur, il lui prépare longtemps d'avance une nourriture selon ses besoins et selon ses goûts; il pense à la parure dont il va au matin revêtir le lis de la vallée.

Le bon Dieu, lorsqu'il dictait à Moïse ses divins commandements, lorsqu'il enseignait à l'homme comment l'adorer, comment observer la justice vis-à-vis de ses frères, ne dédaigna pas de donner à son peuple quelques préceptes de conduite relativement aux animaux.

Il défendit d'atteler à la charrue à la fois un bœuf et un âne [1].

L. — C'est drôle, et pourquoi? Est-ce encore défendu?

— Ces défenses étaient de ces prescriptions légales de l'Ancien Testament, abolies par le Nouveau. Mais l'esprit en subsiste dans ce sens, qu'on ne saurait trop s'accoutumer à la douceur, à la mansuétude, à la modération.

Il était défendu d'atteler ensemble un bœuf et un âne, probablement parce qu'avec leurs forces inégales, le pauvre âne eût été accablé de fatigues. De même il était interdit de faire cuire un chevreau dans le lait de sa mère [2], si l'on trouvait dans un nid d'oiseau la mère sur ses petits, de prendre à la fois la mère et les petits [3].

A. — Pauvre mère, c'est bien assez de lui ôter ses petits!

— Je suis heureux que vous le compreniez, chers enfants; votre cœur après s'être attendri sur le sort de ces créatures bien inférieures à nous, sera plus disposé à songer avec compassion à tant de pauvres veuves, tant de malheureux orphelins qni, avec un cœur comme le nôtre, une âme également faite à l'image du bon Dieu, souffrent en ce monde.

Vous voyez comment la sagesse divine fait servir les plus petites choses aux plus grandes. Y a-t-il rien de plus grand, en effet, que la vertu?

[1] Deut., XXII, 10.
[2] Id., XIV, 22.
[3] Id., XXII, 6.

Dans nos histoires, Dieu met ses leçons en action au lieu de les dire en paroles; pourquoi ne les ferait-il pas? Si c'est un moyen de les rendre plus frappantes? La chose lui est plus facile qu'il ne l'est à nous de dire oui ou non.

Tout se réduit donc pour nous justifier de croire que le bon Dieu ait pu si facilement rendre les oiseaux ou les poissons attentifs à la prédication des saints, ou les faire revivre à leurs prières, à montrer les fruits que l'on a tirés et que nous-mêmes nous en pouvons tirer encore.

Saint Antoine de Padoue prêche les poissons, c'est toute la ville de Rimini qui se convertit.

L. — Et la prédication aux oiseaux a-t-elle fait aussi des conversions?

— Quand saint François leur parlait, il avait pour unique témoin un religieux de son ordre; cette prédication, rapportée par ce religieux, dut être sans doute un grand sujet d'édification, et contribuer à rendre quelques hommes meilleurs. Mais son objet direct paraît avoir été de satisfaire la piété du grand saint qui la faisait.

Aimer sans calcul, sans détour, sans partage comme le font les bons petits enfants, c'est là cette simplicité, de toutes les qualités, celle qui va le plus droit au cœur du bon père, que nous avons dans les cieux. Aussi rien n'est plus ravissants que les saints enfantillages de quelques-uns des plus grands serviteurs de Dieu, si ce n'est l'aimable condescendance avec laquelle ce bon maître prête sa toute-puissance pour la faire servir à leurs jeux, pleins de pureté et de candeur.

En d'autres temps, les hommes se prétendaient moins sages, de cette sagesse qui veut exploiter la terre sans l'aide du bon Dieu; mais ils avaient la sagesse de se laisser plus aisément toucher par les pensées du ciel, ils avaient aussi plus de cette simplicité qui en ouvre le chemin.

4ᵉ ENTRETIEN.

I.

IDÉE DES SOURCES OU SONT PUISÉES NOS RÉCITS.

Nos récits ne seraient pas vrais historiquement qu'ils ne seraient peut-être pas encore dénués de mérites et d'intérêt à raison de leur signification toujours religieuse et morale,

A ce point de vue, à ceux même qui ne voudraient pas le croire, je pourrais donc dire, lisez-les cependant; lisez-les comme on lit une honnête fiction. Les sources où je les ai puisées doivent au moins leur assurer dans votre estime après les paraboles de l'Évangile, une place avant les faits purement profanes.

A vous, chers enfants, je vous ai trop dit le prix que j'y attachais précisément, parce que je les regardais comme vrais à tous égards, pour me rétracter maintenant. Si je le faisais, je perdrais donc votre confiance; je viens au contraire vous dire sur quels fondements est établi ma conviction.

Aujourd'hui vous ne m'en demanderiez pas tant, mon assurance vous suffirait; mais je veux, s'il m'est possible, vous laissser des impressions qui durent toute votre vie, et quand vous arriverez en âge d'apprécier ces choses par vous même, il faut que vous puissiez dire : Il ne nous avait point trompé.

Vous tromper ! vous savez bien que je ne le voudrais pas pour tout au monde, mais je pourrais moi-même être induit en erreur. Pour m'en préserver, il faut, me suis-je dit, commencer par quelque chose de si certain que l'erreur ne soit pas possible et je m'en servirai comme point d'appui pour aller plus loin.

C'est ce que j'ai fait en empruntant mes premiers récits aux saintes Écritures; je ferme ainsi la bouche aux gens qui voudraient réputer les faits d'autant plus douteux qu'ils sont plus merveilleux, car il n'y en a pas à la fois de plus merveilleux et de plus certains.

La plupart de ces faits appartiennent à l'Ancien Testament; j'en tire une autre conclusion, c'est que les grâces du même genre doivent avoir été beaucoup plus abondantes dans l'Eglise, depuis que Notre-Seigneur Jésus-Christ est venu rendre à l'humanité déchue beaucoup plus qu'Adam ne lui avait fait perdre.

J'ouvre en effet les actes des martyrs, les écrits des pères de l'Eglise, les vies des saints de tous les temps, choisir est mon seul embarras. Mais ce n'est pas un petit embarras que d'avoir à le bien faire. Je n'ai pas seulement à donner la préférence aux traits les plus instructifs et les plus amusants, je me suis engagé à écarter ceux-mêmes qui seraient les plus séduisants à ce double point de vue s'ils n'avaient pas une suffisante valeur historique.

Tant que je puisais dans les saintes Écritures, j'étais fort à l'aise, je pouvais tout prendre; je savais qu'elles ne renferment rien qui ne soit attesté par la parole de Dieu lui-même, ce serait un gros péché contre la foi que d'en douter.

J'aborde la vie des saints: pour m'assurer de la vérité, au lieu du témoignage de Dieu, je n'ai plus que des hommes pour témoins. Leurs témoignages sont souvent fort vénérables; quand ils sont suffisants, nous ne pourrions leur refuser notre assentiment, toute question de foi à part, sans nous rendre gravement coupables devant le bon Dieu lui-même ou par indifférence, ou par entêtement, ou par une téméraire présomption. Pour savoir ce qu'ils valent, encore, faut-il les examiner, les compter, les peser surtout. Ce travail, c'est la critique historique, il la faut d'autant plus sévère et minutieuse que les faits sont plus merveilleux.

Les faits merveilleux ne sont pas de leur nature plus douteux que les autres, j'ai répondu à ceux qui voudraient persuader le contraire. Mais il y a des esprits crédules qui donnent dans l'excès opposé, ils adoptent sans examen les choses les plus extraordinaires par cela seul qu'elles flattent leur désir ou leur imagination, en la matière dont je parle, ce sont les pires de tous les témoins. C'est surtout pour se mettre en garde contre eux, qu'à la constatation des merveilles du bon Dieu, il importe d'apporter une critique scrupuleuse, afin de croire et de s'édifier toujours à bon droit.

Merveilleux ou non d'ailleurs, tous les faits se prouvent de la même manière par de solides témoignages.

S'agit-il pour condamner un assassin de prouver la mort d'un homme? S'agit-il pour glorifier un saint de prouver la résurrection d'un mort? Dans l'un et l'autre cas, on fait entendre des témoins qui aient été bien à portée de constater la mort et la vie. On les confronte pour éviter les erreurs individuelles. Le fait devient certain, s'il est constant qu'ils n'ont pu ni tromper ni être trompés.

Les événements sont-ils passés depuis longtemps? Il faut procéder d'une autre manière et recourir aux historiens. Voulons-nous savoir quel est le fondateur d'une ville, le lieu où s'est livré une bataille, nous recourons à eux ; nous y recourrons également pour nous assurer s'il est vrai par exemple qu'un pèlerinage doive son origine à tel miracle rapporté par la rumeur publique. Dans tous les cas, il faudra apprécier le degré d'autorité de chacun des auteurs que nous consulterons et lui accorder notre confiance dans la mesure où il la méritera.

Les historiens de la vie des saints peuvent se diviser en trois catégories.

La première se compose des auteurs graves qui, contemporains ou presque contemporains des faits, les rapportent comme en ayant été témoins ou les tenant de témoins dignes de foi.

Il faut y ranger aussi ceux qui se sont constamment et visiblement toujours appuyés sur ces historiens primitifs, et n'ont fait que les répéter, et tout particulièrement dans les temps modernes les auteurs qui ont écrit d'après les procès-verbaux authentiques réunis pour la canonisation des saints.

Quand les auteurs de cette première catégorie sont eux-mêmes des saints et des hommes éminemment éclairés comme les pères et les docteurs de l'Eglise, c'est en fait d'histoire la plus haute autorité purement humaine qu'il soit possible de rencontrer.

Or, cette autorité je puis l'invoquer pour la plupart des traits que je vous rapporte des pères du désert et des premiers moines d'Occident, ce sont des hommes comme saint Jérôme, saint Grégoire le Grand, Sulpice-Sevère qui nous en ont principalement transmis le souvenir.

Je puis l'invoquer tout spécialement encore pour tous les traits de saint François d'Assise, extraits de sa vie par saint Bonaventure.

En général, je crois être en droit d'affirmer que la majeure partie de nos récits sont empruntés sinon à des saints et à des docteurs de l'Eglise, au moins à des auteurs de cette première catégorie.

La troisième catégorie comprend les écrivains au contraire qui, plus ou moins longtemps après la mort des saints, ont avec peu ou point de critique recueilli les souvenirs que leurs héros avaient laissé dans la mémoire des peuples.

Ces souvenirs, en passant de bouche en bouche, s'altèrent presqu'inévitablement, se surchargent, s'embellissent d'autant plus que le saint est en plus grande vénération. Ils sont sujets à confondre les temps et les lieux, à réunir sur la tête d'un seul personnage les actions qui en réalité appartiennent à plusieurs. C'est ce que de nos jours on est convenu d'appeler des légendes.

Je dis de nos jours, car cette expression, au contraire, tirée du mot latin *legenda*, *ce que l'on doit lire*, dans son sens rigoureux, s'appliquait aux vies abrégées des saints que l'Église insère dans ses divins offices. Bien qu'elle n'ait pas par là prétendu mettre leur authenticité sous le sceau de son autorité infaillible, ces vies prennent du moins par l'emploi qu'elle en fait un caractère de probabilité éminemment respectable.

Beaucoup de légendes, dans le sens où on l'entend communément aujourd'hui, sont pleines de grâces et de poésie, elles offrent un sens moral des plus heureux, elles ont ordinairement un fond sérieusement historique, elles expriment exactement les mœurs, les idées, la foi des peuples aux temps où elles se sont formulées. Si j'avais voulu exploiter cette mine, j'aurais pu, en vous avertissant, grossir quelques uns de mes bouquets en y ajoutant des fleurs qui ne les dépareraient pas; mais je dois dire que je me suis fait une règle de ne rien emprunter à des documents d'un ordre évidemment aussi douteux, quand je venais de prendre pour point de départ les saintes Écritures.

Restent les auteurs de la seconde catégorie, intermédiaire entre les deux autres. On ne sait pas assez quels ont été leurs moyens d'information, mais on voit qu'il leur a été possible d'en avoir de solides. On n'est pas sûr s'ils n'ont pas parfois écouté trop complaisamment les échos populaires; mais leur ton de gravité, leur accord avec les points d'ailleurs connus de l'histoire, indique qu'ils n'ont pas tout accueilli sans examen.

Je me sers de ces auteurs, mais avec réserve, je ne leur emprunte aucun fait qui n'ait d'équivalent dans ceux de la première catégorie, aucun qui ne s'accorde avec l'histoire, les mœurs contemporaines, qui ne s'accorde avec lui-même.

II.

IDÉE DE LA CRITIQUE QUI A PRÉSIDÉ A LEUR CHOIX.

Ce n'est pas un faible mérite que de s'accorder avec soi-même, il n'y a que la vérité qui le puisse parfaitement.

Voici une histoire où l'on vous montre des lions dans les montagnes de l'Écosse et des ours blancs dans les déserts de l'Afrique, l'erreur est prise sur le fait.

Chaque bête a son pays; chaque pays, chaque époque ses usages et sa physionomie. Telle contrée maintenant changée en vastes prairies, en riches champs de blé, était il y a plusieurs siècles couverte d'immenses forêts, maintenant soumise à un seul gouvernement, elle avait presqu'autant de petits rois que de bourgades.

Quand tout tombe juste, les mœurs et les peuples, les dates et les lieux, que les loups habitent dans les bois, que les lièvres courent dans les champs, que de même chaque chose paraît à sa place, vous pouvez dire sinon avec certitude, au moins avec grande probabilité, c'est vrai.

Ces observations critiques, je les ai faites par moi-même autant qu'il a été en mon pouvoir; mais il ne vous entre pas dans l'idée qu'il m'ait été possible de faire personnellement toutes les études nécessaires pour classer les auteurs et leurs récits selon la mesure de confiance que je leur ai accordée.

A semblable travail dix vies doubles de la mienne seraient bien loin de suffire ; heureusement je l'ai trouvé tout fait , principalement dans un immense recueil de la vie des saints que vous verrez souvent cité au bas de ces pages.

Les Bollandistes, ainsi nommés du P. Jean Bolland, jésuite belge, le premier auteur de cette gigantesque entreprise, sont des savants et saints religieux qui, partageant leurs vies entre la prière, l'étude et le soin des âmes , ont les uns après les autres, depuis deux siècles, non pas écrit, mais réuni les vies de tous les saints qu'il leur a été possible de connaître , écrites par les auteurs originaux. Compulsant , comparant des matériaux sans nombre , ils les ont choisis, appréciés, classés , avec un soin, un scrupule, une conscience dont la science purement profane n'offre peutêtre pas d'exemple.

Du soin que j'ai pris moi-même pour atteindre la vérité, vous n'en conclurez pas qu'il faille croire tout ce que je vous raconte comme vous croiriez à l'Évangile. Les témoignages mêmes des saints Pères n'ont pas une valeur supérieure à celle qu'ils ont prétendu leur donner ; ils n'ont pas fait d'enquête , ni prononcé de jugement, ils peuvent avoir été induit en erreur sur quelques circonstances.

C'est sur l'ensemble de leurs récits et des nôtres que l'on peut se reposer avec une entière confiance, et j'oserais en répondre, pour un fait controuvé qui se serait glissé dans ce livre ; j'en trouverais dix autres, de parfaitement exacts, qui le vaudraient. Si je ne les ai pas recueillis, c'est que je ne les connaissais pas tous ; puis il fallait se borner.

J'en dis assez en suivant le cours des âges, pour faire voir que dans la conduite du bon Dieu , il n'y a rien de capricieux, rien d'isolé, d'absolument exceptionnel, soit qu'il maintienne l'ordre ordinaire de la nature , soit qu'il agisse selon les lois d'un ordre supérieur ; pour qui sait re

.

garder, les rayons de sa sagesse infinie, voilés pour nous par les nuages de cette vie, se laissent toujours un peu entrevoir. Les mêmes circonstances dans les temps et les lieux les plus divers amènent ordinairement les mêmes faits ou des faits analogues.

III.

MORALE GÉNÉRALE DE CE LIVRE.

Quand j'ai entrepris de réunir à votre intention ces histoires, de les coordonner, d'en faire un livre en un mot, je l'ai fait parce qu'elles m'ont paru à la fois singulièrement attachantes et instructives, que sous une couleur tour à tour naïve et piquante, elles nous montrent combien Dieu est bon et puissant, occupé de ses moindres créatures; quelle douceur, quelle grâce, quelle simplicité, quel amour il a mis dans l'âme de ses saints!

Je ne les ai pas recherchées, parce qu'elles étaient merveilleuses; au contraire, j'ai craint qu'elles ne le fussent trop et je vous avoue que par ce motif, j'ai été plus d'une fois tenté de renoncer à mon projet.

Avant de prendre ce parti extrême, voyons cependant, me suis-je dit.

Ces histoires sont trouvées merveilleuses, parce qu'elles paraissent dépasser, pour la plupart, la puissance naturelle de l'homme et manifester dans les saints la puissance du bon Dieu.

Pourquoi renoncerais-je à les raconter? parce que beaucoup d'hommes dans le monde, même parmi les chrétiens, ont peur du merveilleux, qu'il y en a même qui s'en moquent.

Et pourquoi s'en moquent-ils? parce qu'ils en ont peur;

et pourquoi en ont-ils peur ? Parce qu'ils ont peur du bon Dieu.

Craindre le bon Dieu, à la bonne heure, c'est craindre de l'offenser parce qu'il est juste, et qu'il punit le mal ; encore mieux c'est craindre de l'offenser parce qu'il est bon, et pour ne pas affliger son cœur paternel. Mais avoir peur du bon Dieu ! c'est de tous les sentiments le plus malheureux.

C'est vouloir l'éloigner de soi, ou du moins éloigner sa pensée, parce qu'elle nous gêne dans les arrangements que nous voudrions faire uniquement pour la terre.

Éloigner de nous le bon Dieu ! il est la vie de notre âme, et il n'y a de bonheur qu'à le posséder !

Non, mon Dieu, ne vous éloignez pas de moi, n'éloignez pas de moi votre sainte pensée, ne l'éloignez pas de l'esprit et du cœur de ces chers enfants, vous êtes partout : que nous vous voyions partout !

Le bon Dieu est partout, il ne se fait rien dans ce monde que dans un sens il ne le fasse ; cette feuille remue, c'est lui qui la fait remuer, cet oiseau chante, c'est lui qui le fait chanter. Il est là, mais il est caché ! Les merveilles de la vie des saints le montrent en quelque sorte à découvert, parce que ce sont des choses que seul il peut faire.

Décidément donc je les dirai, afin d'apprendre que ces manifestations de la puissance et de la bonté divine, si elles se rencontrent très-rarement dans la vie commune, c'est que peu d'hommes, malheureusement, recueillent tous les fruits de la rédemption, peu d'hommes vivent avec le bon Dieu dans l'union où il voudrait vivre avec nous ; mais elles sont fréquentes dans la vie de ceux qui agissent au contraire de manière à pouvoir dire, en toutes circonstances, en parlant du divin Sauveur : *Je suis à lui et il est à moi.*

Ce sera la morale générale de notre livre , indépendante de la morale particulière de chacun de nos récits.

Si dans ces récits vous ne trouvez pas beaucoup de grâce, de fraîcheur , matière à beaucoup de bonnes pensées , accusez-en ma plume qui les aurait défigurés en essayant de vous les transmettre, et quand votre âge vous le permettra, allez vous-mêmes aux sources où j'ai voulu puiser, et soyez-en certains; si vous conservez cette simplicité d'intention , cette pureté d'affection sans lesquelles on ne comprend jamais rien aux œuvres du bon Dieu , vous y goûterez autant et plus de charmes que je n'ai osé vous en promettre.

ANIMAUX MODÈLES

A L'ÉCOLE DES SAINTS.

✦

1ᵉʳ BOUQUET.

TEMPS DES PATRIARCHES.

I.

EMPIRE DU PREMIER HOMME SUR LES ANIMAUX, BIENTOT PERDU.

Comme Dieu est bon ! il a créé le ciel et la terre pour en faire la demeure de l'homme, la terre pendant les jours bientôt passés de cette vie, le ciel pendant toute l'éternité.

Du ciel je ne puis vous en dire les beautés, elles surpassent tout ce que nous pouvons voir ou imaginer : soyons fidèles et nous les verrons un jour. Mais je puis vous parler des beautés de la terre, vous faire remarquer comment il a plu au bon Dieu de l'embellir, de la peupler, de la pourvoir de ce qui pouvait nous être agréable ou utile.

Il a dit à la lumière d'éclairer, il a séparé la terre et les eaux, dans le firmament il a lancé le soleil et la lune pour présider au jour et à la nuit, il a semé dans le ciel les étoiles par milliers ; sur la terre il a fait naître les grands arbres des forêts, les arbres chargés de fruits de nos vergers ; toutes ces plantes qui nous nourrissent, dont les fleurs émaillent les prairies, parfument les coteaux ; les eaux, il les a remplies d'une multitude de poissons grands et petits qui bondissent, qui fretillent que c'est un plaisir de les voir ; et l'air de combien de jolis oiseaux ne l'a-t-il pas peuplé, comme ils voltigent, comme ils chantent dans nos bocages, comme ils s'élèvent en longues files et se perdent dans les nues.

Voilà les œuvres du bon Dieu pendant cinq jours, il y prenait plaisir tant elles sont belles, tant il mettait en elles le cachet de sa bonté. Le sixième jour cependant est réservé pour des ouvrages plus parfaits. Ce jour-là, il fera ces animaux qui nous touchent de plus près, qui nous ressemblent davantage ; qui dans leur jeune âge comme nous sont nourris du lait de leurs mères ; ces animaux dont l'instinct est si admirable qu'en beaucoup de choses ils nous comprennent, ils agissent comme nous ; c'est le lion par exemple, ce roi du désert, le cheval si noble et si fier, et cependant si docile, le bœuf le paisible compagnon du laboureur, le chien cet ami fidèle, le renard si rusé, le castor si industrieux, l'écureuil si agile.

Ces animaux cependant, si merveilleux que soit leur instinct, si loin que puisse aller leur intelligence, ne savent pas qui les a faits, ils obéissent au bon Dieu ; il n'est pas un de leurs mouvements qui ne soit pour sa gloire, mais ils ne le savent pas ; ils ne peuvent pas le connaître et l'aimer. Le bon Dieu veut être connu et aimé : sur le soir du sixième jour, il tint un sublime conseil avec lui-même, un conseil des trois personnes divines, du Père, du Fils et du Saint-Esprit. Dieu se dit : Faisons l'homme à notre image et à notre ressemblance ; c'est-à-dire tel qu'il puisse connaître et aimer ; il nous connaîtra, il nous aimera, il connaîtra nos ouvrages ; ces astres, ces plantes, ces poissons, ces oiseaux, tous ces animaux il s'en servira, il leur commandera, il nous les offrira, ils seront pour lui un motif de nous aimer et un moyen de nous servir.

Dieu prit donc un peu de limon terrestre ; il en fit un corps, le plus beau des corps qu'il eût encore fait, il lui donna une tête, des yeux, des oreilles, une bouche, quatre membres comme aux plus nobles des animaux, mais tandis que ceux-ci n'avaient que des pieds pour marcher, des pattes pour courir, des griffes pour grimper, et qu'ils tendaient tous vers la terre leurs museaux allongés, le corps de l'homme se tenait droit sur deux pieds, le front élevé vers le ciel ; sa bouche image des appétits grossiers, ne s'avançait pas au delà de ses yeux, noble signe de l'intelligence et du commandement, et il avait deux mains pour agir.

Néanmoins avec ces perfections corporelles, si Dieu n'eût donné à l'homme qu'une vie semblable à celle des autres animaux il est douteux qu'il eût acquis sur eux une grande supériorité ; moins fort, moins agile que beaucoup d'entre eux, moins pourvu de défense naturelle ; mais Dieu l'anima de son souffle, lui donna une âme raisonnable et immortelle et le fit roi de la création.

Le premier homme ainsi créé en honneur et en

gloire reçut du bon Dieu le nom d'Adam. Pendant son sommeil le bon Dieu lui tira une de ses côtes, en forma la première femme et lui donna le nom d'Ève.

Adam et Ève étaient heureux parce qu'ils étaient bons; ils n'avaient à craindre aucune des puissances de la nature, ils en connaissaient les secrets autant qu'ils leur pouvaient être utiles ; tous les animaux leur étaient véritablement soumis, le lion, le tigre, fidèles à leurs voix venaient ramper à leurs pieds; ils les connaissaient tous, à tous ils avaient donné un nom et le nom qui leur convenait le mieux ; pour eux point d'insecte incommode, point de reptile dangereux.

Ce bonheur, cette pacifique domination, ils les auraient conservés, ils nous les auraient transmis à nous leurs descendants, si eux-mêmes, ils eussent été toujours fidèles.

Le bon Dieu, pour les mettre à l'épreuve, les avait placés dans un paradis délicieux, où rien ne leur manquait, où ils avaient tout à souhait, où l'arbre de vie leur fournissait ses fruits d'immortalité; ils pouvaient aussi manger des fruits de tous les autres arbres, un seul excepté, l'arbre de la science du bien et du mal.

Le démon, cet ange coupable précipité du ciel à cause de son orgueil, était jaloux de leur bonheur, il se cacha sous la figure du serpent, persuada à Ève de manger du fruit défendu, Ève en mangea, en fit manger à Adam; c'était une révolte contre le bon Dieu, dont ils avaient voulu pénétrer les secrets, atteindre la science, dont ils avaient enfreint les ordres sacrés.

Adam et Ève furent condamnés à mourir, chassés du

Paradis terrestre, et éternellement ils auraient été privés de la vue du bon Dieu, éternellement malheureux, s'il ne leur eût été promis un rédempteur qui devait rendre leur pénitence méritoire et leur rouvrir la porte du ciel.

Une autre conséquence du péché d'Adam et d'Ève c'est que révoltés contre Dieu, toute la nature se révolta contre eux; ils en perdirent les secrets, et les animaux, au lieu de continuer de leur obéir, devinrent souvent des ennemis dont il fallut se défendre.

L'état où ils ont été réduits est celui qu'ils nous ont transmis, celui où nous sommes; avec de la patience et de l'adresse nous nous assujettissons encore quelques animaux domestiques, nous avons des chevaux dans nos écuries, des bœufs dans nos étables; les brebis nous donnent leur toison, le chien est resté notre ami, faibles restes de notre grandeur déchue.

Pour les autres animaux nous ne savons guère montrer notre supériorité sur eux, qu'en les détruisant; nous ignorons l'art de les empêcher de nous nuire et de nous les rendre utiles; nous ignorons même quand ils nous sont utiles, et dans notre ignorance nous les détruisons lorsque nous devrions remercier le bon Dieu des services qu'ils nous rendent. S'il en est quelques-uns que nous aimerions encore, s'il est quelque gentil petit oiseau dont nous voudrions nous approcher, voyez, il nous fuit, nous ne savons plus l'appeler, nous ne savons plus le faire entendre.

II.

LE SACRIFICE D'ABEL.

Adam et Ève chassés du paradis terrestre eurent d'abord deux fils : Caïn et Abel. Caïn cultivait la terre ; il aurait pu le faire pour se conformer à l'ordre du bon Dieu qui avait dit à Adam de la fertiliser à la sueur de son front, mais il s'y attachait trop, il comptait trop sur les fruits qu'il en pouvait retirer, pas assez sur le bon Dieu, il était mauvais.

Abel élevait des troupeaux, il leur donnait ses soins, avec la pensée sans doute de se nourrir de leur lait, de se vêtir de leur toison ; mais ces biens ne lui faisaient pas oublier le bon Dieu, le rédempteur promis à son père, le ciel que ce divin rédempteur devait rouvrir, il était bon.

Doux et innocent jeune homme, il aimait ses jeunes taureaux, ses génisses, ses brebis, ses agneaux ; il en était aimé, car il ne leur faisait que du bien ; pour eux il cherchait les meilleurs pâturages, les eaux les plus fraîches, il les défendait des loups, de toutes les bêtes cruelles qui auraient pu les dévorer.

Il ne les égorgeait point pour se faire un aliment ; l'homme n'avait point encore cherché dans la chair des animaux cette nourriture grossière devenue pour nous un besoin. L'empire pacifique exercé sur son troupeau rappelait autant que possible celui d'Adam avant son péché, sur la nature entière, et mieux encore il était la figure de celui de Jésus, le bon pasteur dont nous sommes les brebis.

Abel aimait son troupeau, mais il aimait bien plus le bon Dieu; or, le bon Dieu veut qu'on lui fasse des sacrifices et qu'on lui sacrifie ce que l'on a de meilleur, ce qu'on aime le mieux. Vous ne vous imaginez pas sans doute qu'il se plaise pour le plaisir des yeux à voir égorger en son honneur de pauvres animaux. Il a dit quelque part qu'il avait en horreur le sang des boucs et la graisse des taureaux, cela s'entend de cette grossière et sanglante offrande en elle-même; car il l'agréait au contraire, il allait jusqu'à l'ordonner comme une figure de la mort de l'innocente victime qui devait venir sauver le monde.

Les sacrifices de l'ancienne loi étaient aussi un signe de la dépendance où nous sommes du bon Dieu, et du châtiment dont nous nous sommes rendus dignes en l'offensant: de lui nous tenons la vie et nous devons toujours être prêts à la lui rendre, à la sacrifier pour son service; nous avons mérité la mort et nous devons être toujours prêts à la subir en expiation de nos fautes.

Il ne nous est cependant jamais permis d'être homicide de nous-même, de nous ôter à nous-même la vie sous prétexte de l'offrir au bon Dieu; les anciens patriarches et les enfants du peuple choisi offraient, à défaut de leur propre vie, celle des animaux qui servaient à l'entretenir. Nous, nous offrons sur nos autels l'auteur même de la vie.

Pour Abel, il ne pouvait rien de mieux que choisir le plus joli de ses agneaux, la plus caressante de ses brebis, la plus grasse de ses génisses et les offrir au Seigneur, il le faisait; son cœur en souffrait, mais il ne les offrait pas moins généreusement, il les immolait de ses propres mains et le bon Dieu agréait un sacrifice qui avait le double mérite de coûter et d'être fait de bon cœur.

Caïn faisait aussi des sacrifices, mais combien ses dispositions étaient différentes de celles de son frère ! Déjà les fruits qu'il récoltait, il ne les aimait pas de cette sorte d'affection désintéressée qu'un bon pasteur peut avoir pour ses brebis, il était content de les avoir parce qu'il pensait qu'il les mangerait ; il était content d'en avoir beaucoup parce qu'il pensait qu'il en aurait pour longtemps ; les meilleurs, c'étaient ceux avec lesquels il pensait se donner le plus de satisfaction, et il se gardait bien de les offrir au Seigneur.

Le bon Dieu n'agrée point de semblables sacrifices et il ne donnait point, lorsqu'ils lui étaient offerts, les signes de prédilection qu'il accordait à ceux d'Abel.

Ce fut alors que Caïn jaloux à l'excès contre son frère, au lieu de rivaliser avec lui d'une sainte émulation, conçut l'affreux projet de le tuer.

Mais voyez le résultat de son calcul insensé ; qu'obtint-il pour lui ? la réprobation éternelle, et à son frère que lui donna-t-il ? le dernier trait de ressemblance avec le Sauveur. Pour avoir immolé au bon Dieu les plus chers de ses agneaux, Abel fut le premier des hommes qui obtint de pouvoir être comparé à ce divin pasteur qui, transformé lui-même en agneau sans tache, a donné sa vie pour ses brebis.

III.

L'ARCHE DE NOÉ.

Pour consoler Adam et Ève de la mort d'Abel, Dieu leur donna un autre fils, nommé Seth. Seth mérita d'avoir des enfants qui reçurent le nom d'enfants de Dieu, tandis que les enfants de Caïn, méchants comme lui, furent appelés les enfants des hommes.

Il vint un temps où les enfants de Dieu s'étant alliés avec les enfants des hommes, la terre fut couverte de tant d'iniquités, que Dieu résolut de faire mourir tous les hommes par un déluge universel. Il n'excepta de cette condamnation que Noé et sa famille, parce que Noé seul s'était conservé juste au milieu de la corruption générale.

Les animaux aussi devaient être entraînés dans la ruine universelle; le bon Dieu cependant de chacun d'eux voulait conserver l'espèce; en conséquence, Noé reçut l'ordre de faire une grande arche capable, outre sa famille, de contenir un couple de chacun des animaux vivants sur la terre.

Noé mit cent ans à construire l'Arche, et au moment fixé par la colère divine, il vit, merveille sans égale, tous ces animaux venir deux à deux des extrémités du monde lui demander un refuge; obéissant à sa voix, ils se rangèrent chacun à la place qui lui était assignée, se contentant de la nourriture qui leur était donnée; et tous vécurent en paix dans cette immense demeure, car c'était la maison du Seigneur. Image de l'Église, hors de laquelle il n'y a point de salut.

Cependant les cataractes du ciel s'étaient rompues selon l'énergique expression des Livres saints et les eaux s'élevèrent de quatre coudées au-dessus des plus hautes montagnes. A l'exception des heureux habitants de l'Arche, tout ce qu'il y avait d'hommes, de bêtes, d'oiseaux vivants, tout fut noyé.

Les vengeances du Seigneur accomplies, la pluie cessa de tomber, la terre insensiblement commença à se des- sécher. Pour savoir si le temps était venu de sortir de l'Arche, Noé lâcha le corbeau ; le corbeau ne revint point, il avait trouvé le sol jonché de cadavres, il avait préféré satisfaire sa dégoûtante voracité.

Noé alors lâcha la colombe ; le doux et pudique ani- mal, au contraire, ne voyant partout que des campagnes désolées, couvertes de fange et d'immondices, se hâta de regagner le précieux asile où il avait vécu en si grande paix, et Noé comprit qu'il fallait attendre.

Sept jours après il lâche de nouveau la colombe : la terre s'était couverte d'une fraîche verdure ; de tendres feuilles sur les arbres commençaient à s'épanouir, le soleil, entre leurs branches, répandait la tiède chaleur du printemps ; la colombe cette fois se serait trouvée heureuse de vivre dans de si frais bocages, mais elle ne voulait pas jouir seule de ce bonheur, elle prit dans son bec une branche d'olivier et la rapporta au saint Patriarche.

Tout joyeux à cette vue, Noé par prudence, attendit sept autres jours ; la colombe alors de nouveau lâchée ne revint pas ; la porte de l'arche fut ouverte, Noé et ses enfants en sortirent bénissant le Seigneur ; ils en firent sortir leurs hôtes et ils les virent s'envoler dans les airs, bondir dans les prairies avec des transports d'allégresse impossible à décrire.

Noé cependant avait réservé pour les offrir au bon Dieu quelques beaux taureaux, quelques superbes bé- liers, il les immola, et comme celui d'Abel son sacrifice fut bien accueilli, car il était offert avec le sentiment de la plus vive et de la plus sincère reconnaissance.

Imitez le saint Patriarche, mais imitez aussi les animaux qui vinrent à sa voix se renfermer dans l'arche. Cette arche pouvait leur sembler une dure prison, ils y trouvèrent un tranquille refuge. Pendant que la mort régnait partout au dehors ; ils lui durent la vie et, le temps de l'épreuve passé, ensuite une liberté mille fois plus douce. Vous pouvez voir par là ce que l'on gagne à observer les commandements du bon Dieu, c'est une contrainte d'un moment, mais cette contrainte fait notre sûreté et le jour vient où nous n'en sommes que plus joyeux et plus contents.

N'imitez pas le corbeau, il est l'image des instincts grossiers, de la gourmandise, de l'égoïsme, de l'attache aux jouissances corrompues de ce monde ; ne vaut-il pas mieux ressembler à cette gentille colombe qui revient, revient toujours à l'arche, parce que l'arche, c'est pour vous la maison du bon Dieu, l'Église notre Mère, l'asile du salut, et si vous n'y étiez pas ramené par nécessité, il faudrait encore continuer d'y habiter par reconnaissance, et parce que vous vous y trouvez avec le bon Dieu, c'est-à-dire avec le meilleur des pères.

IV.

LES PLAIES D'EGYPTE ET L'AGNEAU PASCAL.

Le déluge était un exemple terrible pour les générations à venir, cet exemple fut perdu pour la plupart des hommes. Lorsqu'ils se furent de nouveau multipliés, ils conçurent le projet insensé de bâtir une tour si haute, qu'elle les mettrait à l'abri d'un second déluge; Dieu confondit leurs langages et se choisit un peuple qu'il fit naître d'Abraham. Au milieu des abominations qui couvraient la terre, il voulait ainsi conserver le souvenir de son saint nom jusqu'au moment où du sein de ce peuple privilégié naîtrait le Messie qui la devait renouveler.

Le peuple de Dieu issu d'Abraham, d'Isaac et de Jacob, avait sous le nom d'Hébreux ou d'Israélites commencé extraordinairement à se multiplier en Égypte, où en reconnaissance des services de Joseph, les rois l'avaient comblé de faveurs; mais il était venu des rois d'une autre dynastie qui au contraire l'avaient pris en haine, l'avaient réduit en esclavage et s'étaient proposé de l'exterminer. Moïse avait été providentiellement sauvé par la fille même de Pharaon, roi des Egyptiens, des eaux du Nil où tous les enfants de sa nation étaient condamnés à périr; il était destiné de Dieu à délivrer son peuple et à le conduire dans la terre promise; obligé cependant de fuir dans le pays des Madianites, il avait atteint l'âge de la vieillesse et rien n'avait encore été fait pour mettre fin à cette dure servitude. Le bon Dieu n'avait pourtant pas oublié ses promesses; un jour que Moïse gardait les troupeaux de Jéthro, son beau-père, s'étant approché de la montagne d'Horeb, il eut une admirable vision; il vit un buisson tout en flammes et qui cependant ne brûlait pas; du milieu de ces flammes le bon Dieu lui parla et lui donna la mission de délivrer son peuple.

Moïse, en conséquence, accompagné de Aaron son

frère, se présenta devant Pharaon et lui demanda de permettre aux Israélites d'aller dans le désert offrir un sacrifice au vrai Dieu : pour preuve de leur mission, Aaron jeta sa verge devant Pharaon et la verge se changea aussitôt en serpent.

Pharaon était un cœur endurci qui ne se laissa pas convaincre par ce prodige, il avait à sa cour des devins et des enchanteurs, il les fit appeler, et Dieu permit, pour ensuite mieux les confondre, qu'il leur fût possible de changer aussi leurs verges en serpents, mais ces serpents furent aussitôt dévorés par celui d'Aaron, et dans la main de l'envoyé du vrai Dieu ce serpent redevint une verge.

Pharaon cependant se montrait bien éloigné encore de se rendre. Pour l'y contraindre, le bon Dieu appesantit son bras sur l'Egypte, et à la voix de Moïse et d'Aaron, lui fit sentir successivement dix plaies rigoureuses.

Plusieurs de ces plaies ou fléaux consistaient en la multiplication extraordinaire et subite d'animaux d'abord incommodes à l'excès, puis successivement de plus en plus nuisibles.

Ainsi l'on vit tout à coup toutes les eaux des fleuves, des lacs et des fontaines, bouillonner d'une manière incompréhensible ; on en vit sortir des grenouilles sans nombre, il y en avait partout, les maisons en étaient remplies, le palais du roi comme la plus pauvre chaumière ; voulait-on dormir elles venaient vous disputer votre lit ; voulait-on manger, la table en était couverte. Pharaon pour s'en délivrer, promit tout ; il le promit le malheureux ! mais il ne le tint pas ; et il fallut lui envoyer de nouvelles plaies ; le changement de toutes les eaux en sang avait été la première ; celle des grenouilles avait été la seconde ; pour la troisième et la quatrième le bon Dieu fit succéder à des nuées de petits moucherons, des légions d'énormes mouches.

Aaron, sur la parole de Moïse, n'avait eu qu'à frapper de sa verge la poussière de la terre et cette poussière s'était changée en une multitude incommensurable d'imperceptibles moucherons ; l'air en avait été obscurci, ils s'étaient glissés sous les vêtements, ils avaient pénétré dans les oreilles et les narines, les hommes et les animaux en avaient été étourdis, Pharaon comme le moindre de ses sujets. La plaie des grosses mouches avait été pire encore ; car elle lui avait fait faire une nouvelle promesse que les moucherons n'avaient pu lui arracher. Mais le fléau cessé, aussitôt il s'était rétracté.

Une terrible peste porta la mortalité sur tous les bestiaux des Égyptiens, et respecta ceux des Israélites ; de dégoûtantes ulcères vinrent affliger les premiers, eux et ce qui leur restait de bêtes sans atteindre davantage les seconds; d'épouvantables tempêtes avec des grêles et des tonnerres purent bien déterminer Pharaon à réitérer ses promesses mais non pas les lui faire exécuter.

Survint alors la huitième plaie: tout un jour et toute une nuit il souffla un vent brûlant et le lendemain matin tous les champs furent couverts de tant de sauterelles que l'on ne saurait rien imaginer de semblable.

La grêle avait détruit toutes les récoltes hâtives, les lins et les orges particulièrement qui comptaient parmi les plus importantes productions de l'Egypte, mais elle n'avait pas atteint les froments qui n'étaient pas encore nés ; une fois passée, elle n'avait pas empêché les prairies de reverdir, les arbres de se feuiller ; les sauterelles ne laissèrent rien : les blés verts, l'herbe des prés, les feuilles des arbres, tout fut livré à la dévastation ; ce pays si fertile prit l'apparence d'un vaste désert.

Il sembla cette fois que Pharaon allait arriver au terme de ses coupables résistances ; il fit appeler Moïse et Aaron et leur dit : « J'ai péché contre le Seigneur votre Dieu et contre vous, mais maintenant pardonnez-moi mon péché encore cette fois, et priez le Seigneur votre Dieu afin qu'il me délivre de cette plaie mortelle. »

Moïse pria le bon Dieu, et aussitôt de l'occident le vent souffla avec violence, enleva les sauterelles et les précipita dans la mer Rouge. Pharaon délivré retomba dans sa première obstination ; une neuvième plaie consistant en des ténèbres horribles, une fois de plus l'ébranla sans le vaincre.

Le Seigneur alors résolut de frapper le grand coup : dans une seule nuit tous les premiers-nés de l'Egypte, des hommes comme des animaux devaient être frappés de mort. Ce coup terrible devait définitivement opérer la délivrance du peuple d'Israël ; par cette raison même, sans doute ; pour en graver plus profondément le souvenir dans leur esprit et dans celui des générations futures, le bon Dieu ne se contenta plus de les préserver, comme il l'avait fait, des autres plaies d'Egypte, il voulut que les Israélites travaillassent eux-mêmes à s'en préserver par les moyens qu'il leur indiqua.

Il leur commanda d'immoler un agneau dans chaque famille et de marquer leurs portes de son sang. Pure et tendre victime, cet agneau était la figure de Jésus, l'agneau sans tache qui nous a tous sauvés par son sang.

De même que nous mangeons dans la sainte Eucharistie la chair du Dieu fait homme, bonheur que vous aurez le jour de votre première communion, les Israélites devaient manger la chair de l'agneau qu'ils avaient immolé; à cette condition était attachée leur délivrance. Ce mystère est celui de la Pâque et l'agneau qu'ils mangeaient était en conséquence appelé l'agneau pascal. Pâques veut dire passage, c'est-à-dire que les Israélites passèrent, par la vertu surnaturellement attachée à ce signe, de la terre d'exil et de servitude à la liberté d'abord, puis enfin à la terre promise.

Pendant la nuit l'ange du Seigneur passa, et dans toutes les maisons dont les portes qui n'étaient pas marquées du signe sacré de l'agneau, tous les premiers-nés, à commencer par le fils même de Pharaon, furent frappés de mort.

Pharaon au comble de l'effroi et de la douleur laissa enfin partir le peuple de Dieu, il en eut regret ensuite ; il poursuivit les Israélites, mais la mer Rouge qui s'était ouverte pour leur livrer passage, engloutit le méchant roi avec toute son armée.

Soyez toujours fidèles au bon Dieu et tenez-vous pour assurés que tôt ou tard il traitera de même ceux qui voudront vous faire du mal. Tenez-vous-en pour assurés ; celui qui vit sous la protection du Dieu du ciel, n'a rien à craindre ni des princes, ni des peuples, ni des ténèbres, ni des orages, ni de la peste, ni de la famine ; ni des bêtes qui dévorent, ni des reptiles au poison mortel :

ni du ciel, ni de l'enfer; toutes les puissances de la nature combattent pour lui, il n'y a rien ni en haut, ni en bas, ni quelque part que ce soit, qui soit capable de lui nuire.

V.

LE SERPENT D'AIRAIN.

Il n'y a pas de bêtes si méchantes et si nuisibles qu'elles n'obéissent au bon Dieu; si consacrées qu'elles paraissent à nous punir, les maux qu'elles nous font, cachent toujours quelques vues de miséricorde, quelques intentions de nous faire du bien.

Les bêtes des plaies d'Egypte étaient pour les Israélites un moyen de délivrance, elles étaient un avertissement pour les Egyptiens.

Maintenant je veux vous parler d'un fléau que Dieu fit tomber sur les Israélites eux-mêmes, lorsqu'ils eurent par l'ingratitude répondu à ses bienfaits. Il le fit pour les punir, sans doute, mais bien plus encore pour les ramener à lui, en qui seul on peut trouver le bonheur.

Il venait de leur donner de nouveaux signes de sa protection, il venait de leur donner de nouveaux avantages sur leurs ennemis, et cependant ils renouvelaient leurs murmures contre le bon Dieu et contre Moïse.

« Pourquoi nous avez-vous tirés de l'Egypte, s'écriaient-ils, pour nous amener dans cette solitude? Nous n'avons point de pain, l'eau nous manque, cette nourriture si légère que vous nous donnez, à la fin nous soulève le cœur. »

2

Les malheureux ! ils parlaient de la manne, ce pain descendu du ciel, qui pour la qualité et le goût était bien supérieur à tous les aliments de la terre ; mais qui est grossier, aime une nourriture grossière ! Combien de chrétiens préfèrent de même les enivrements éphémères d'un festin, aux joies pures et durables de l'Eucharistie dont la manne n'était que la figure.

Vous conviendrez que ce peuple coupable méritait une exemplaire punition. Dieu envoya des *serpents de feu*, dit le texte sacré, c'est-à-dire, selon toute apparence, des serpents dont le venin portait dans le sang comme un feu dévorant. Des plaies cruelles, souvent la mort, en étaient la conséquence.

Le châtiment produisit son effet, il provoqua le repentir, les Israélites vinrent trouver Moïse : « Nous avons péché, s'écrièrent-ils, nous avons parlé contre le Seigneur et contre vous, priez afin qu'il nous délivre de ces serpents. » Remarquez la ressemblance de ce langage avec celui de Pharaon, mais ici il était sincère ; il ne l'était pas dans la bouche de ce prince impie.

Moise à l'exemple de Dieu dont il était le ministre, obligé quelquefois de se montrer sévère, par-dessus tout était bon, il aimait son peuple, il ne résista point à ces sollicitations et se mit en prière. Le bon Dieu n'attendait lui-même que le moment de faire miséricorde, il lui dit donc :

« Fais un serpent d'airain et élève-le comme un signe de la grâce que j'accorde. Quiconque recevra une blessure vénimeuse et jettera les yeux dessus recouvrera la vie. »

Moïse fit donc un serpent d'airain, il le posa comme un signe de salut, et tous ceux qui mordus par les serpents vénimeux reposaient les yeux sur ce signe merveilleux, à l'instant même étaient guéris.

Le serpent d'airain était la figure de Notre-Seigneur Jésus-Christ sur la croix ; par la mort du Sauveur cet instrument de supplice est devenu un instrument de salut : de la même manière l'image du serpent dont le venin naturellement est mortel, devint, par la grâce surnaturelle que le bon Dieu y attacha, un moyen de guérison.

Il vous est impossible d'imaginer, n'est-il pas vrai, qu'aucun Israélite, après avoir senti la morsure de feu des serpents n'ait pas recouru pour s'en guérir au remède si facile qui lui était offert ; vous ne pouvez concevoir, quand il suffisait de lever les yeux pour recouvrer la santé et la vie, qu'il y ait eu personne qui se soit laissé mourir par obstination à les tenir baissés.

Ce phénomène pourtant, nous le voyons tous les jours. Tous les jours il y a des hommes, il y a des enfants pervertis qui, atteints de la cruelle morsure du péché, s'obstinent à ne pas lever les yeux vers le divin Jésus qui les guérirait.

VI.

L'ANE DE BALAAM.

Le peuple de Dieu, sous la conduite de Moïse, venait de remporter de sanglantes victoires sur Sehon, roi des Amorrhéens et Og, roi de Basan ; et après s'être emparé de leur pays, il était venu camper sur les confins de celui des Moabites. Balac, roi de Moab, à cette nouvelle fut saisi de terreur ; il savait bien que ses sujets consternés ne pourraient résister ; il fit venir les plus anciens des Madianites, ses voisins, pour avoir leurs avis. « Ce peuple » leur dit-il, en parlant des Israélites « exterminera tous ceux qui demeurent autour de nous comme le bœuf broute les herbes jusqu'à la racine : que faire ? »

Il y avait à quelque distance de là chez les Ammonites un devin, un espèce de prophète nommé Balaam, en grande réputation ; les sages de Madian conseillèrent à Balac de le faire venir pour maudire le peuple d'Israël. Ils s'imaginaient, les pauvres gens, qu'il suffisait des paroles ou des conjurations d'un homme pour perdre un peuple que le bon Dieu protégeait !

Balaam, il paraît, connaissait le vrai Dieu, il lui rendait quelques honneurs, mais il n'en était que plus coupable, parce qu'il associait à son culte celui des faux dieux ; par des moyens superstitieux et criminels, il cherchait à connaître l'avenir et à forcer sa main divine. Peut-être même entretenait-il directement un commerce avec le démon. C'était d'ailleurs un méchant homme, orgueilleux et avare.

Balac jugea avec raison qu'il le tenterait en lui envoyant des ambassadeurs avec de riches présents.

Avant cependant de donner une réponse, Balaam demanda qu'on lui laissât la nuit pour consulter Dieu.

Voulait-il réellement s'adresser au bon Dieu, conformément à la part insuffisante qu'il lui faisait dans ses pratiques religieuses ? Parlait-il de quelqu'une de ses fausses divinités? Était-ce simplement une feinte pour se donner l'air plus respectable? Je ne sais. Ce qui paraît certain, c'est que le bon Dieu ayant résolu de se servir de lui dans des intentions diamétralement contraires à celles du roi de Moab, lui fit réellement entendre sa voix.

« Ne va point avec eux » lui dit-il « et ne maudis point ce peuple parce qu'il est béni. »

Si Balaam eût été aussi bon qu'il le voulait paraître, ces paroles lui auraient suffi, et heureux de connaître la volonté du bon Dieu, il eût été toujours ferme à l'observer.

Il refusa bien d'abord de suivre les ambassadeurs, mais Balac lui en envoya d'autres en plus grand nombre et d'un rang plus élevé et les chargea de faire des promesses plus belles encore.

Balaam fit en apparence une très-belle réponse : « Quand même on remplirait toute ma maison d'or et d'argent, répondit-il, je ne changerais pas une parole du Seigneur mon Dieu, je n'en dirais pas une seule en plus ou en moins. »

C'était, il est à croire, Dieu lui-même qui l'obligeait à parler de la sorte.

« Je vous prie de demeurer ici encore cette nuit, ajouta Balaam, afin que je puisse savoir ce que le Seigneur me répondra une seconde fois. »

Ici on voit quel était dans le fond ce prophète de mensonge, réduit malgré lui à prophétiser la vérité. Puisque le Seigneur lui avait parlé, qu'avait-il besoin de lui demander une seconde fois sa volonté?

Cette fois le bon Dieu, le laissant aller à son sens réprouvé, lui dit : « Suis ceux qui sont venus te chercher. »

Balaam se leva donc de grand matin, sella son âne et se mit en chemin avec les ambassadeurs. Le bon Dieu était contre lui dans une grande colère ; loin d'être gagné à son coupable dessein, en lui disant de partir il lui avait réservé une leçon des plus sévères.

Les ambassadeurs sans doute ayant pris les devants pour annoncer à leur maître le succès de leur message, Balaam marchait monté sur son âne accompagné seulement de deux serviteurs.

L'âne était de la plus pacifique nature, un bon âne qui n'avait jamais donné à son maître le plus petit sujet de plainte. Tout à coup le voilà qui se regimbe, il se détourne violemment du chemin et se met à courir à travers les champs. Balaam, surpris autant qu'irrité, commença à battre la pauvre bête et avec grand effort le ramena dans le chemin. Pour la première fois semblable querelle s'élevait entre ces deux amis : qu'était-il arrivé ?

Dieu avait envoyé son ange ; l'âne l'avait vu au-devant de lui tenant à la main une épée nue, et en avait été justement effrayé ; Balaam, au contraire, ne le voyait point.

Le chemin un peu plus loin se resserrait entre les murailles de deux vignes, l'ange s'y posta, l'âne à cette vue se jette sur le côté ; le pied de Balaam fut pressé contre l'un des murs et l'âne encore battu.

A quelque distance le chemin devenait plus étroit encore, il n'y avait aucun moyen de se jeter à droite ou à gauche, l'ange alla s'y placer ; l'âne cette fois tomba sur lui-même entraînant son maître dans sa chute. Balaam irrité jusqu'à l'emportement frappa de coups redoublés les flancs du malheureux animal.

On dit quelquefois quand on voit maltraiter les bêtes : Pauvres animaux , s'ils avaient une voix pour se plaindre !... Ce jour-là , par un insigne miracle , le bon Dieu en prêta une à l'âne de Balaam : « Que vous ai-je fait ? » s'écria-t-il ; « pourquoi m'avez-vous frappé déjà trois fois ? »

Quelle ne serait pas votre frayeur si vous entendiez un âne tenir un pareil langage ? Si vous faisiez quelque chose de mal, vous rentreriez assurément en vous-même et vous demanderiez pardon au bon Dieu, qui seul aurait eu le pouvoir de faire ainsi parler un animal sans raison. Mais Balaam avait le cœur dur. Au lieu de faire cette réflexion, il répondit à son âne : « Parce que tu l'as mérité et que tu t'es moqué de moi. Que n'ai-je une épée pour te tuer à l'instant même? » — L'âne reprit : « Ne suis-je pas votre bête sur laquelle jusqu'à ce jour vous avez toujours monté paisiblement ? Vous ai-je jamais rien fait de semblable? » — « Jamais, » répliqua Balaam obligé d'en convenir.

Dans ce moment le bon Dieu lui ouvrit les yeux , il aperçut dans le chemin l'ange avec son épée nue et il se prosterna.

« Pourquoi avez-vous battu votre âne? lui dit l'ange. Je suis venu pour m'opposer à vous, parce que votre voie est corrompue et qu'elle m'est contraire. » L'ange parlait comme tenant la place du bon Dieu dont il était le ministre. « Et si l'âne ne se fût détourné du chemin et ne m'eût cédé, je vous aurais tué et lui serait resté en vie. »

Balaam, effrayé et confus avoua qu'il avait péché et offrit de s'en retourner. L'ange lui dit de continuer sa route, mais de prendre bien garde de ne rien dire qu'il ne le lui commandât.

Arrivé effectivement en présence de Balac, quelque tenté qu'il fût par les promesses de ce roi impie, Balaam protesta qu'il ne pourrait rien dire que Dieu ne le lui mît dans la bouche. Il se prêta d'ailleurs à tout ce qu'on voulut ; il se transporta successivement sur différentes montagnes où l'on adorait Baal, c'est-à-dire la fausse divinité dont ce peuple avait criminellement substitué le culte à celui du vrai Dieu.

Sur chaque montagne, après de nombreux sacrifices, Balac lui demandait de maudire le peuple d'Israël et chaque fois Balaam répondait en exaltant la gloire et la puissance de ce peuple choisi.

« Comment maudirais-je, s'écriait-il, celui que Dieu n'a pas maudit?... Sa force, s'écriait-il encore, est semblable à celle du rhinocéros... Il s'élèvera comme une lionne, il s'élèvera comme un lion. Il ne se reposera pas jusqu'à ce qu'il dévore sa proie et qu'il boive le sang de ceux qu'il aura tués. »

Vous comprenez combien c'était peu rassurant pour Balac qui avait toute raison de craindre d'être lui-même cette proie. Aussi, devenu beaucoup moins exigeant, se serait-il à la fin contenté d'obtenir de son prophète au moins qu'il ne bénît pas son ennemi, s'il ne pouvait le maudire.

Il le menait avec anxiété tantôt dans un lieu où l'on apercevait les tentes d'Israël rangées dans un ordre admirable, tantôt dans un autre où l'on ne voyait plus çà et là que quelques-uns de ses membres épars, s'imaginant follement que cette vue pouvait influer dans un sens ou dans l'autre sur les bénédictions ou les malédictions du prophète, qu'il avait si malencontreusement appelé à son aide.

Mais l'esprit du bon Dieu s'était emparé de Balaam et il était impossible même de l'empêcher de publier les bénédictions dont devait être comblé le peuple d'Israël.

« Que vos pavillons sont beaux, ô Jacob ! que vos tentes sont belles, ô Israël ! » lui entendait-on s'écrier avec l'accent d'un enthousiasme toujours croissant ; « elles sont comme des vallées couvertes de grands arbres, comme des jardins le long des fleuves, toujours arrosés d'eau... » Puis, après les images riantes, revenant à des comparaisons plus mâles, il répétait : « Sa force est semblable à celle du rhinocéros, ses enfants dévoreront les peuples qui seront leurs ennemis, ils briseront leurs os... Quand il se couchera il dormira comme un lion, comme une lionne que personne n'oserait réveiller. »

Balac n'y pouvait plus tenir, il entra dans une étrange colère, il frappa des mains et menaça Balaam de le renvoyer sans rien lui donner.

S'en aller sans rien recevoir, c'était dur pour un homme comme celui-ci ; cette crainte ne l'empêcha pas néanmoins de déclarer encore une fois que Balac, dût-il remplir sa maison d'or et d'argent, il lui serait à lui-même impossible de ne pas répéter les paroles que le Seigneur aurait mises sur ses lèvres.

Manifestant en même temps la perversité de son cœur,

il ajouta qu'avant de partir il donnerait un perfide conseil contre ceux-mêmes que malgré lui il était obligé de bénir.

Puis, dans un nouveau transport prophétique s'élevant plus haut qu'il ne l'avait encore fait, ce fut alors qu'il annonça, comme dernier terme de ses bénédictions, le Messie qui devait naître de ce peuple privilégié, qu'il annonça l'étoile dont la vue devait attirer les Mages près du berceau de l'enfant divin.

« Une étoile sortira de Jacob, un rejeton s'élèvera d'Israël, » s'écria-t-il; « il frappera les chefs de Moab, » ajouta-t-il, personnifiant sous ce nom de chefs de Moab, toutes les puissances du monde qui s'opposent à l'œuvre du bon Dieu, toutes les puissances de l'enfer.

Ces paroles étaient peu flatteuses pour Balac, il s'en tint satisfait. La sainte Écriture se contente de dire qu'il s'en retourna par le chemin où il était venu, l'oreille basse sans aucun doute.

Quant à Balaam, comme il avait d ailleurs autant d'orgueil que de cupidité, il est à croire qu'il essaya de se consoler de n'avoir pu mettre la main sur le moindre denier, en pensant aux satisfactions que la première de ses passions venait de recevoir.

Il se trouvait un beaucoup plus grand prophète que très-probablement il ne s'était cru lui-même. Son nom était destiné à passer d'âge en âge par la bouche de tous les peuples à mesure que les grands événements qu'il avait prédits devaient s'accomplir; malheureusement pour lui, on le compare à son âne. De même que celui-ci, pour avoir momentanément articulé quelques sons, n'en resta pas moins un animal sans raison ; de même Balaam, pour avoir parlé selon l'esprit de Dieu, n'en demeura pas moins un méchant homme.

Si avant la fin de sa vie il ne s'est pas sincèrement repenti, profondément humilié, il lui aura beaucoup moins servi d'être prophète qu'à l'âne d'avoir parlé. L'âne en parlant cessa d'être battu ; Balaam, s'il lui est possible de dire au jour du jugement : « Mais Seigneur, prophétisé en j'ai votre nom, » n'en recevra pas moins cette terrible sentence : « Allez, maudit, au feu éternel, je ne vous connais pas ! »

2ᵉ BOUQUET.

TEMPS DES PROPHÈTES.

I.

LE PROPHÈTE DE BETHEL, LE LION ET L'ANE.

Le peuple d'Israël en possession de la terre promise, avait été longtemps gouverné par des juges choisis immédiatement par le bon Dieu toutes les fois que son peuple s'était trouvé dans une position difficile.

Sur la demande des Israélites un roi ensuite leur avait été donné; Saül, ce roi avait mérité de se voir substituer David et sa race; Salomon fils et successeur de David, sur la fin de sa vie, par ses infidélités s'était attiré à son tour la sévère sentence, en vertu de laquelle Roboam son fils eut à subir le démembrement de son royaume. Les tribus de Juda et de Benjamin restèrent seules fidèles à la famille de David, les dix autres choisirent pour roi Jéroboam.

Le bon Dieu tourne tout à bien, il se servait de ce schisme pour punir les fautes de Salomon et de Roboam; en lui-même cependant et dans l'intention de ceux qui le faisaient, le schisme était funeste et coupable, et les tribus séparées ne tardèrent pas à subir les funestes conséquences de leur révolte.

Jéroboam, le nouveau roi, craignait, si ses sujets continuaient, comme ils le devaient, d'aller adorer le vrai Dieu à Jérusalem, que le vieil attachement pour la maison de David ne se réveillât bientôt. Pour les en détourner, il fit faire deux veaux d'or et leur dit : « Tenez, voilà vos dieux, ce sont eux qui vous ont tirés de l'Égypte. »

Les Juifs étaient déplorablement enclins à l'idolâtrie ; dans le temps même où Moïse sur le Sinaï, par la plus grande des faveurs, recevait pour eux, la sainte loi du bon Dieu, ce peuple s'était déjà fabriqué un veau d'or et n'avait pas craint d'en faire l'objet de ses adorations.

Voyez à quel excès de dégradations les hommes étaient tombés par le péché : eux, qui auraient dû commander aux animaux, ils en étaient venus à se prosterner devant leurs images.

Les calculs de Jéroboam n'eurent humainement que trop de succès ; la plupart des Israélites oubliant le chemin de Jérusalem, allèrent à Dan ou à Béthel, rendre leur culte aux deux idoles qui pour être d'or n'en étaient pas moins ignobles.

Mais rien n'est insensé comme la sagesse des calculs humains quand ils éloignent du bon Dieu.

Ce que Jéroboam faisait pour assurer la durée de sa dynastie fut précisément ce qui la perdit. Comme il était un jour à Béthel occupé à répandre de l'encens sur son autel sacrilége, il vit arriver de la part de Dieu un prophète qui le maudit lui et sa race, et le prophète pour preuve de la vérité de sa mission, lui annonça que l'autel allait se rompre à l'instant même.

Jéroboam leva la main pour ordonner qu'on saisît cet insolent, mais aussitôt sa main se dessécha et l'autel fut brisé. Prenant alors un air suppliant, il demanda au prophète de le guérir et sa demande fut exaucée.

Satisfait de cette guérison, et peut-être aussi dans le vain espoir de détourner par ces moyens puérils la malédiction prononcée contre lui, Jéroboam offrit au serviteur de Dieu de venir manger à sa table et voulut lui faire accepter des présents.

« Quand vous me donneriez la moitié de tout ce que vous avez, je ne mangerais ni ne boirais quoi que ce soit en ce lieu, » reprit le prophète.

Lorsque le Seigneur l'avait chargé de cette mission, il lui avait ordonné effectivement de la remplir sans boire ni manger jusqu'à son retour; il lui avait recommandé aussi d'éviter de prendre en revenant le même chemin pris en allant par le prophète.

Le chemin par lequel on s'approche des impies est toujours périlleux; quand par nécessité on a dû le suivre, il faut ensuite l'éviter avec plus de soin que jamais.

Le prophète se conformait strictement à cette partie de ses instructions, il revenait par un autre chemin : quand il s'était vu loin du bruit et de la foule, seul dans la campagne, il avait cru pouvoir se donner un peu de repos. Il eût sans doute mieux fait de marcher toujours sans s'arrêter. Il était descendu de son âne et s'était assis à l'ombre d'un térébinthe, lorsqu'il vit venir à lui un vieillard à l'air vénérable : C'était un habitant de Béthel qui, ayant entendu raconter à ses enfants les merveilles récemment accomplies dans la ville, s'était informé du chemin pris par le serviteur de Dieu, avait fait seller un âne et s'était mis à sa recherche.

« N'êtes-vous pas, lui dit-il en l'abordant, cet homme de Dieu qui est venu de Juda parler au roi.—Je le suis. —Venez vous reposer chez nous, vous prendrez quelque nourriture. »

Le prophète allégua l'ordre qu'il avait reçu.

« Je suis moi-même prophète, reprit le vieillard, un ange m'est apparu et m'a dit de vous ramener dans ma maison pour vous faire boire et manger. »

C'était un mensonge, le serviteur de Dieu s'y laissa tromper, l'air bon et obligeant de son solliciteur lui fit faire ce que le besoin ni la crainte n'auraient pu arracher de lui, il suivit le vieillard et s'assit à sa table.

La voix du Seigneur alors se fit entendre à celui-ci, car il paraît bien qu'en effet il était prophète lui-même, elle le chargea de reprocher à son hôte, la désobéissance dont à sa propre instigation il s'était rendu coupable, et de lui annoncer une mort prochaine, d'ajouter que le corps du malheureux prophète ne serait point enseveli dans le sépulcre de son père.

Cette menace ne tarda pas à s'accomplir. Le prophète de Juda avait repris son chemin ; il le poursuivait tranquillement, plus occupé désormais, il faut l'espérer, de regretter sa faute que d'aucun autre des plus grands événements de la journée, lorsque tout à coup devant lui un lion se présenta.

Il n'y avait plus pour lui qu'à bien mourir, il avait dû s'y disposer. La griffe du terrible animal dans un clin d'œil l'étendit sans vie dans le chemin.

L'âne glacé de frayeur resta immobile à son côté, et le lion domptant la voracité de ses appétits naturels, au lieu de les dévorer l'un et l'autre, demeura à les garder sans les toucher davantage, fier sans doute de la mission de ministre de sa justice dont l'avait chargé le Seigneur.

Des gens vinrent à passer, ils virent cet étonnant spectacle du prophète mort, de l'âne tremblant et du lion noblement attentif à leur garde, ils se hâtèrent d'aller publier dans la ville ce nouveau prodige.

Le vieux prophète l'apprit bientôt. « L'homme de Dieu, s'écria-t-il, a désobéi au Seigneur, le Seigneur l'a livré au lion, le lion a brisé sa vie, la parole du Seigneur s'est accomplie ! »

Il avait lui-même à réparer le mensonge qui était la cause de tout le mal, il fit en grande hâte reseller son âne et s'achemina, tristement, j'imagine, vers le lieu indiqué.

Le corps du prophète était resté à la même place. L'âne et le lion n'avaient pas bougé davantage. Sentinelle dévouée à sa consigne, le lion avait respecté jusqu'à la fin le double dépôt qui lui était confié.

A dater de ce moment, on ne parle plus de lui, il dut en effet à l'arrivée du vieillard reprendre sa liberté et aller chercher ailleurs quelque proie sur laquelle il lui fût permis d'assouvir sa soif de sang et de carnage.

Le vieux prophète s'avança, releva le cadavre, le posa sur l'âne et l'emporta, en gémissant, dans sa demeure. Il l'ensevelit dans son propre sépulcre, et avec toute sa famille versa sur le défunt des larmes amères. « Hélas !

mon frère, hélas ! » criait-il d'une voix entrecoupée.

« Vous m'ensevelirez avec lui dans ce même sépulcre, « dit-il ensuite à ses enfants, » que mes ossements reposent à côté des siens ; ce qu'il a prédit arrivera bientôt, je vous l'affirme ; cet autel élevé à Bethel, tous ces temples bâtis sur les hauts lieux, dans la ville de Samarie, seront détruits. »

Que d'enseignements dans cette histoire ! ils furent perdus pour Jéroboam, ils ne le seront pas pour nous ; mais parmi tous les exemples à suivre, tous les écueils à éviter, que je pourrais vous y signaler, c'est à l'exemple du lion que je vous prie de vous arrêter.

Apprenez de lui, si jamais dans le cours de votre vie il vous arrive, par votre état et votre situation, d'avoir un devoir rigoureux à remplir, à le faire toujours avec dignité et modération. Il peut y avoir obligation de frapper un coupable, il n'est jamais permis de déchirer une victime.

II.

LES CORBEAUX D'ÉLIE.

Achab régnait sur le royaume d'Israël définitivement devenu distinct de celui de Juda ; ses prédécesseurs s'étaient attiré la colère du bon Dieu, et une fin malheureuse par leur idolâtrie et toutes leurs autres iniquités : Achab était pire qu'aucun d'eux, et Jézabel, son épouse, plus méchante encore que lui. Ils adoraient les idoles les plus abominables, ils entretenaient autour d'eux par centaines les faux prophètes, qui les flattaient et leur disaient des mensonges, et ils ne pouvaient souffrir les prophètes du bon Dieu qui leur disaient la vérité; ils les persécutaient; autant qu'ils le pouvaient, ils les faisaient mourir.

Alors parut Élie, le grand prophète, fort de la force du Saint-Esprit, il se présenta devant Achab et lui dit : « Le Seigneur Dieu d'Israël vit, je suis en sa présence et je vous le déclare de sa part : il n'y aura ces années-ci ni pluie, ni rosée, si ce n'est selon les paroles de ma bouche. »

C'est-à-dire qu'il ne devait plus tomber du ciel une goutte d'eau, jusqu'à ce que par ses prières, Élie eût fléchi la colère du bon Dieu et qu'il l'eût annoncé au roi coupable et aux peuples désolés. En attendant, la sécheresse et la famine, sa suite inévitable, devaient pendant trois ans faire régner la ruine et la mort sur les sujets d'Achab.

Jugez si ce méchant roi qui ne pouvait souffrir la moindre contradiction dut être furieux contre l'homme de Dieu; il l'eût indubitablement fait mourir, mais le Souverain-Maître des cœurs glaça le sien d'une telle stupéfaction qu'il laissa partir le prophète sans mettre la main sur lui.

Le bon Dieu veut que dans notre vie en son temps chaque vertu prenne sa place; il avait inspiré à Élie le courage de paraître devant Achab, il voulut qu'il eût ensuite la prudence de se cacher; il lui fit entendre sa voix et lui dit de se retirer vers l'Orient, sur les bords écartés du torrent de Carith qui se jette dans le Jourdain.

Là, tandis que partout ailleurs les hommes et les ani-

maux allaient mourir de soif, Élie pourrait à longs traits
se désaltérer au cours d'une onde vive; mais ce n'était
pas assez, il avait à boire, il fallait lui donner à manger,
et que trouverait-il dans ces lieux déserts? Le bon Dieu
l'avait prévu : « J'ai commandé aux corbeaux qu'ils te
nourrissent là, » lui dit ce tendre Père de toute
créature.

Comment, c'est au corbeau, à qui ce soin échoit? à cet
animal vorace que vous avez vu à la suite du déluge se
jeter sur des corps morts et à moitié en putréfaction,
plutôt que de revenir dans l'arche du bon patriarche
Noé auquel il devait son salut. Il semble que la tâche
de nourrir le prophète eût mieux été à la fidèle colombe
ou tout au moins à quelque noble oiseau, à l'aigle, au
faucon. Non, le corbeau est choisi, ce me semble, précisément parce qu'avec ses appétits grossiers, il représentait mieux ces peuples qui alors dans les ténèbres de
l'idolâtrie, suivaient sans résistance les penchants de la
nature corrompue : le bon Dieu, quand son peuple
l'abandonnait, voulait montrer qu'il pouvait se faire des
serviteurs, là même où naturellement on devait le moins
s'attendre à pouvoir en trouver.

C'était la figure de ce qui devait s'accomplir un jour,
lorsque les Juifs, après avoir crucifié notre divin Sauveur,
furent réprouvés, et les gentils qui jusque-là avaient
adoré les idoles, appelés à leur place à former, avec le
petit troupeau des Juifs demeurés fidèles, un nouveau
peuple de Dieu.

Ainsi, quand ceux qui auraient dû être de douces et
fidèles colombes, se montraient de cruels vautours, le

bon Dieu appelait près de son prophète les corbeaux à faire l'office de la colombe.

Chaque matin ils lui apportaient un pain ; le saint prophète, qui était un modèle de pénitence, surtout dans un cas semblable, s'en serait bien contenté ; mais le bon Dieu qui se chargeait de le nourrir le voulait mieux traiter, et les corbeaux lui apportaient encore d'autres aliments à manger avec son pain.

Tous les soirs il en était de même, et pour faire un second repas, Élie voyait les corbeaux lui apporter encore du pain et d'autres aliments.

Il continua de vivre ainsi tant que coula l'eau du torrent, mais la sécheresse fut si grande qu'elle finit par en tarir la source.

Le bon Dieu cependant n'avait pas pris jusque-là tant de soins de son prophète pour le laisser mourir de soif : « Va-t-en, lui dit-il, à Sarepta, ville des Sidoniens, j'ai commandé à une femme veuve de te nourrir. »

Vous croiriez peut-être que c'était une puissante dame continuant au moyen de ses richesses, de vivre dans l'abondance au milieu de la détresse générale ?

C'était une pauvre femme pourvue à peine des aliments nécessaires pour la nourrir le reste du jour, elle et son fils unique, et mourir ensuite. Elle donna cependant ses légers restes d'huile et de farine à Élie, et comme récompense, elle obtint de ne pas les voir diminuer par la consommation, tant que dura la sécheresse et la famine. Quelque peu d'huile au fond d'une cruche et une poignée de farine suffirent pour les nourrir, Élie, elle et son fils, et comme surcroît de grâce, cet enfant étant venu à mourir, le prophète le ressuscita.

De même qu'il avait été nourri par des corbeaux, c'est dans le pays des Sidoniens, c'est-à-dire chez un peuple infidèle qu'Élie rencontra cette femme charitable. Nouvel exemple par lequel le bon Dieu voulait montrer qu'à défaut de son peuple il saurait bien se faire un nouveau peuple.

Vous aussi, chers enfants, le bon Dieu vous a choisis avec une prédilection toute particulière, il vous a fait naître dans une famille chrétienne où dès vos plus tendres années on vous a appris à l'aimer : si malgré tout vous ne l'aimiez pas; si le bon Dieu, après avoir épuisé en quelque sorte toutes les ressources de sa tendresse pour se faire aimer de vous, vous trouvait obstinés à lui préférer de vaines fantaisies, un jour viendrait où il dirait : Que ces enfants se perdent, puisqu'ils le veulent, au milieu de ces nations qui se mangent les unes les autres, qui se font les plus ignobles idoles et les adorent; il irait chercher d'autres enfants, qui à peine régénérés dans l'eau sainte du baptême, se mettraient à l'aimer de tout leur cœur.

Il n'en sera pas ainsi, vous l'aimerez les premiers et par vos prières vous obtiendrez que ces pauvres petits sauvages qui ne le connaissent pas apprennent aussi à le connaître et à l'aimer.

De même aussi le temps n'était pas encore venu où le peuple d'Israël cesserait d'être son peuple, il ne lui faisait subir qu'une épreuve momentanée pour le ramener à lui. Au bout de trois ans, Élie reparut devant Achab et porta un défi à ses faux prophètes.

« Qu'on nous donne deux bœufs, s'écria-t-il, qu'ils en prennent un, qu'ils le coupent par morceaux, qu'ils les étendent sur un bûcher et n'y mettent point le feu; je sacrifierai l'autre bœuf, l'étendrai également sur un bûcher et n'y mettrai point de feu. Invoquez vos dieux, j'invoquerai le mien, et le Dieu qui exaucera les prières à lui adressées et fera descendre le feu du ciel sur l'holocauste à lui offert sera reconnu pour Dieu. »

L'épreuve fut vainement tentée par les prophètes de Baal.

Élie à son tour éleva la voix vers le Seigneur, et son bœuf, son bûcher, jusqu'aux pierres dont il s'était servi pour le soutenir et à la poussière du sol environnant, l'eau même dont il les avait abondamment arrosés, tout fut consumé par un feu céleste.

Le peuple s'écria avec enthousiasme : « Le Seigneur est Dieu, lui seul est Dieu. » Et Élie à l'instant même saisit tous ces prophètes de Satan et les fit mettre à mort.

Achab, me direz-vous, était donc bien changé pour souffrir que ses prophètes fussent ainsi traités?

Achab était toujours resté aussi méchant dans son cœur; mais interdit à la vue d'un si grand miracle et au milieu de l'entraînement du peuple, il ne savait trop que faire et penser; et le saint prophète, par la volonté du bon Dieu, avait pris pour le moment sur lui un si grand ascendant, que le mauvais roi le laissa faire.

La justice de Dieu ainsi satisfaite, Élie annonça que la pluie allait enfin venir et la sécheresse cesser.

Bientôt il parut dans le lointain une petite nuée presque imperceptible, elle grossit, puis il vint un grand vent, puis le ciel devint sombre, de gros nuages s'amoncelèrent et une pluie abondante vint rafraîchir la terre altérée depuis si longtemps.

Achab, aussitôt qu'il eut revu la perfide Jézabel, n'en rentra pas moins dans ses voies criminelles. Quant à cette méchante femme, à peine eut-elle appris ce qui était arrivé, que son unique pensée fut d'immoler le saint prophète à sa vengeance; mais le bon Dieu le déroba encore à ses coups : ce fut elle qui périt misérablement dévorée par les chiens.

Achab fut tué à la guerre et Élie enlevé au ciel sur un char de feu attend dans un séjour de paix et de bonheur le moment de revenir sur la terre sceller de son sang la vérité qu'il a si courageusement défendue.

III.

LES OURS D'ÉLYSÉE.

Élie, avant de quitter la terre, s'était attaché un disciple; il avait rencontré Elysée dans un champ où celui-ci labourait, lui avait jeté son manteau sur les épaules et Elysée avait tout quitté pour le suivre. Dans un mouvement généreux, il avait même immolé deux des bœufs de sa charrue et les avait brûlés avec elle pour les offrir au Seigneur. Il ne pouvait pas mieux marquer qu'il ne conservait plus aucune affection, aucune pensée de retour vers les occupations de ce monde, vers les soins de cette vie.

Vous croiriez peut-être qu'Elysée n'étant qu'un simple laboureur, après tout, quitta peu en changeant les travaux pénibles des champs pour le service d'un grand prophète? Vous vous tromperiez : d'abord, en ces temps voisins encore de la simplicité primitive des anciens patriarches, travailler de ses mains à féconder la terre, soigner les animaux qui sont restés les compagnons de l'homme n'avait rien qui ne parût noble. Ce n'était nullement la preuve d'une condition inférieure, d'une éducation grossière ou négligée. Saül cherchait les ânesses de son père lorsque Samuel lui donna l'onction royale, David gardait des troupeaux lorsqu'il la reçut.

Rien ensuite n'attache tant que ces utiles travaux. Qui a semé le blé, le veut voir naître; est-il en herbe tendre, on attend avec anxiété qu'il en sorte des épis, et avant que les épis ne se courbent sous le poids de leurs grains dorés, combien n'excitent-ils pas de vives sollicitudes, de douces espérances, et que de joie lorsque défiant les gelées et les orages, le bon grain entre dans le grenier et assure aux familles des jours d'abondance.

Le laboureur aime ses champs, il aime encore plus ses bœufs; la sainte Écriture se plaît elle-même à nous le représenter tenant fièrement son aiguillon, il aime à causer des habitants de ses étables, de ses tendres génisses, de ses vigoureux taureaux, il en parle, il en rêve.

Elysée en sacrifiant ses bœufs et sa charrue faisait, je n'en doute pas, un grand sacrifice, aussi reçut-il une grande récompense, il hérita de l'esprit d'Élie et de son manteau qui en était le signe, il fut lui-même un grand et saint prophète, et les autres prophètes l'avaient en extrême vénération.

A Jéricho, les eaux étaient mauvaises, malsaines; au lieu de la fraîcheur et de l'abondance, elles portaient sur les terres qu'elles arrosaient une désolante stérilité : ce saint homme venait de les rassainir par un miracle, et il s'avançait vers Béthel prêt assurément à y repandre de non moindres bienfaits.

Une troupe de nombreux enfants, comme il montait la côte qui conduisait à cette ville, en franchirent la porte, et allèrent au-devant de lui. Ils auraient dû être frappés de la noble sérénité de son visage, de son air pieux et recueilli, ils auraient dû sur son passage s'écarter avec respect, mais c'étaient des enfants horriblement mal élevés, fils de méchants pères, destinés à devenir plus méchants encore.

Elysée portait sur sa personne ou les traces de l'âge, ou celles d'une vie laborieuse et austère; sa tête s'était dégarnie, il devait n'en paraître que plus vénérable. Ces vilains enfants n'y virent qu'un sujet de dérision, ils se moquaient de lui et couraient par derrière en criant : « Monte, chauve! monte, chauve! »

Il y a des enfants, je le sais, qui se permettraient une conduite aussi déplacée plutôt par étourderie que par méchanceté, si toutefois il est possible de porter l'étourderie jusqu'à insulter l'étranger, le vieillard, le ministre de Dieu; si on en juge par le châtiment qui fut infligé à ces enfants-ci, il y a lieu de craindre que le mal chez eux n'eût déjà pris de profondes racines.

Le bon Dieu qui sonde les cœurs et les reins, voyait peut-être en eux comme une race de petites vipères; ce fut lui, à n'en pas douter, qui inspira à son prophète de les maudire. Elysée se retourna, jeta les yeux sur eux et les maudit en effet.

A peine la malédiction était-elle prononcée, que de la forêt voisine l'on voit s'élancer deux horribles bêtes, c'étaient deux ours : les enfants veulent fuir, ils n'en ont pas le temps ; sous la griffe de l'un des monstres, à peine est-il tombé une victime qu'aussitôt à côté une seconde est terrassée ; l'autre ours un peu plus loin ne fait pas moins de carnage ; la terre bientôt fut jonchée de cadavres ; quarante-deux de ces misérables enfants payèrent de leur vie la faute qu'ils venaient de commettre. Quarante-deux corps morts restèrent étendus sur le sol avant que les ours dévorants n'eussent regagné leurs repaires ! Combien de familles désolées, combien de mères en larmes !

Pendant ce temps-là Elysée triste et pensif s'éloignait d'une ville où il n'aurait voulu apporter que la bénédiction et la paix, il se dirigeait vers les solitudes du Mont-Carmel, méditant sans doute, sur la rigueur des jugements de Dieu.

Dieu est bon, la bonté même, et il punit d'une manière si sévère ! C'est par horreur du péché, mes enfants ; c'est à détester le péché que cette histoire doit vous instruire : il n'y a pas de si petit péché qui ne doive vous faire plus de peur que la dent de l'ours le plus cruel.

Prenez bien garde de croire qu'Elysée de son côté, parce qu'il prononça sur ces enfants une malédiction suivie de si terribles effets, fût un homme dur et insensible, il serait devant vous, vous seriez frappé, j'en suis convaincu, de la sérénité de son visage ; la douceur et la paix, tel est le cachet des saints ; si jamais vous avez le bonheur d'en rencontrer dans votre vie, vous les reconnaîtrez à ces signes.

Mais en leur présence le bon Dieu est-il gravement offensé, ils s'enflamment d'un saint zèle, et pour sauver les bons, pour préserver les faibles, ils ne craindront pas d'appeler sur les méchants les coups de la justice divine.

Suivez-le pendant le reste de sa vie, ce saint prophète Elysée, vous le verrez multiplier en faveur d'une pauvre veuve dans la détresse, l'huile qui doit la faire vivre elle et ses enfants; vous le verrez obtenir du bon, Dieu un fils pour une autre honnête femme, qui gémissait de ne pas en avoir, et ce fils bien-aimé étant mort, il le ressuscitera.

Vous le verrez guérir de la lèpre Naaman, général du roi de Syrie, venu du fond de son pays pour obtenir cette grâce.

Jusqu'à la fin, il sera le soutien des bons, la terreur des méchants, le défenseur du peuple d'Israël. Et lorsqu'il descendra dans la tombe, on le verra encore par un dernier bienfait, au seul contact de son corps, rendre un homme mort à la vie.

Vous voyez combien il était bon cet homme dont une parole suffit néanmoins pour livrer à la dent des ours un si grand nombre de méchants enfants.

IV.

LES LIONS DE DANIEL.

Lorsque le peuple d'Israël eut comblé la mesure de

ses prévarications, le Seigneur fit venir Nabuchodonosor, le temple fut détruit, Jérusalem saccagée et ses habitants emmenés captifs à Babylone.

Parmi les Juifs condamnés à l'exil, il se trouvait un enfant de dix ans, issu de la famille royale de David, qui, remarqué sans doute pour son air vif et intelligent et la noblesse de son origine, fut choisi, avec trois autres jeunes Israélites, pour être élevé à la cour du roi. Il se nommait Daniel, et ses jeunes compagnons Azarias, Ananias et Mizaël. Ils firent les uns et les autres de grands progrès dans toutes les sciences qu'on voulut leur enseigner; mais ils se distinguèrent encore plus par leur constante fidélité à la loi du vrai Dieu.

Plutôt que d'adorer l'idole de Nabuchonosor, Azarias, Ananias et Mizaël s'étaient laissés jeter dans la fournaise ardente, dont ils sortirent sans avoir aucun mal. Daniel, soumis sur la fin de sa vie à de non moindres épreuves, les affronta avec autant de foi et de courage, en reçut d'égales témoignages de la protection divine.

Tous les rois qui s'étaient succédé sur le trône de Babylone, avaient su apprécier sa sagesse et sa prudence; mais lorsque cette ville eut été conquise par les Mèdes et les Perses, Darius, roi de ces peuples, lui accorda plus d'affection et de crédit encore, il était devenu comme premier ministre.

Tant d'élévation excita l'envie, et ses envieux résolurent de le perdre. Il leur fut impossible de trouver en lui l'apparence d'une faute qui pût même, en l'envenimant, fournir la matière d'une accusation. « La fidélité à la loi de son Dieu est le seul côté par lequel il donne prise, »

se dirent-ils donc, « il faut tendre nos piéges en conséquence. »

Par la plus odieuse des flatteries, ils persuadèrent à
Darius de se mettre comme à la place du bon Dieu, en
défendant, par un édit, d'adresser, pendant trente jours,
aucune prière à personne qu'à lui seul, sous peine d'être
jeté dans la fosse aux lions.

Le roi, aveuglé par l'excès de sa puissance, céda à ce
conseil impie sans en prévoir les conséquences.

Daniel n'était pas homme, pour aucun maître de la
terre, à manquer à ce qu'il devait au souverain Maître
du ciel, ni même dissimuler les devoirs qu'il lui rendait. Il continua tous les jours par trois fois d'ouvrir sa
fenêtre, de se mettre à genoux, tourné vers Jérusalem, et
d'adorer le vrai Dieu. Il ne fut pas difficile de le prendre
sur le fait. Ses ennemis aussitôt vont trouver Darius, lui
rappellent son édit, le font convenir que d'après la loi
des Mèdes et des Perses, il n'est pas en son pouvoir d'en
suspendre l'exécution après l'avoir une fois portée.

« Eh bien, » s'écrient-ils alors, « Daniel, qui est un
enfant de Juda venu en captivité, ne tient aucun compte
de vos ordres, trois fois le jour il fait sa prière. »

Il serait difficile de vous dépeindre le trouble du roi à
ces paroles; il aimait Daniel, il aurait voulu le sauver; il
cherchait dans sa tête tous les expédients imaginables,
mais il fut tellement pressé, que l'ordre fatal lui fut
arraché, et Daniel fut précipité dans la fosse profonde où
l'on renfermait les lions.

Darius n'avait pas perdu tout espoir; en se séparant de
Daniel, il lui avait dit : « Ton Dieu que toujours tu

adores, te délivrera. » Néanmoins, de retour dans son palais, la désolation dans l'âme, il lui fut impossible de toucher aucun des mets apportés sur sa table, impossible de fermer l'œil de toute la nuit.

A peine le jour avait-il commencé à poindre, qu'il était accouru à la fosse aux lions, et en approchant, il criait d'une voix tremblante : « O Daniel, serviteur du Dieu vivant, ton Dieu que tu sers toujours, te pourrait-il avoir délivré des lions? »

Du fond de l'affreuse caverne, il entendit la voix de Daniel lui répondre : « O roi, vivez éternellement! mon Dieu a envoyé son ange et a fermé la gueule des lions, et ils ne m'ont fait aucun mal; en sa présence sans doute, j'ai conservé quelque justice, et contre vous non plus, ô roi, je n'ai rien à me reprocher. »

Le roi fut au comble de la joie; par son ordre, Daniel fut immédiatement tiré de la fosse et ses ennemis y furent jetés à sa place avec leurs femmes et leurs enfants. Ils n'en avaient pas atteint le fond que leurs membres étaient brisés et leurs chairs en lambeaux.

Par un nouvel édit, gloire fut rendue au Dieu de Daniel, « à celui qui délivre et qui sauve; à celui qui fait des miracles et donne des signes de sa puissance, au Dieu qui a délivré Daniel de la fosse aux lions. »

Cependant les soixante-dix ans que devait durer la captivité de Babylone expiraient, et l'édit qui devait permettre de rebâtir Jérusalem, était encore attendu. Daniel s'en affligeait; il répandait avec des prières ses plaintes devant le Seigneur. Ce fut alors que le bon Dieu lui fit connaître le terme bien autrement propre à le consoler

d'une autre délivrance : la délivrance du péché et la
venue du Désiré des nations, après soixante-dix semaines
d'années, c'est-à-dire après une période de soixante-dix
fois sept ans; prophétie qui s'est réalisée à la lettre dans
la personne de Jésus, le divin Sauveur.

Le bon Dieu veut que nous lui demandions tout,
même ce qu'il a résolu d'avance de nous donner, même
ce qu'il nous a promis, afin de ne jamais nous laisser
oublier notre souveraine dépendance de lui. La prière de
Daniel fut promptement suivie de l'édit de Cyrus qui mit
fin à la captivité du peuple de Dieu.

Il fut permis aux enfants d'Israël de revoir leur patrie;
mais avant que Jérusalem ne redevînt habitable, il fallait
bien des années, et plutôt que de retourner dans un pays
dévasté, un grand nombre d'entre eux continua de rester
sur la terre étrangère.

Daniel y resta d'autant mieux, que Cyrus ne se serait
pas facilement privé de l'appui de sa haute expérience; il
l'avait voulu avoir à sa table et l'honorait par-dessus tous
ses amis. Ce glorieux libérateur du peuple de Dieu malheureusement néanmoins n'avait pas renoncé au culte
des idoles.

Il y en avait une fort vénérée à Babylone, sous le
nom de Bel; chaque jour, il allait l'adorer. « Pourquoi
n'adores-tu pas Bel ? » dit-il une fois à Daniel. — « Je
n'adore point les idoles faites de la main des hommes, »
répliqua librement le prophète, « mais le Dieu vivant qui
a créé le ciel et la terre et qui a puissance sur toute
créature. »

Le roi reprit que Bel était un dieu vivant, donnant

pour preuve qu'il mangeait toutes les viandes qui lui étaient offertes.

Il était dupe de la supercherie des prêtres de cette fausse divinité, qui, la nuit, s'introduisaient dans le temple par une trappe ménagée sous l'autel, et avec leur famille faisaient un ample festin de ces offrandes en se riant de la crédulité du prince et du peuple.

Daniel avertit Cyrus de la fraude et il fit répandre de la cendre dans le temple; les traces des pas de ces prêtres imposteurs y restèrent marquées; ils furent convaincus, et condamnés à mort avec leurs femmes et leurs enfants; Bel et son temple mis à la discrétion de Daniel qui les détruisit.

Il y avait aussi un grand dragon que les Babyloniens adoraient. S'adressant encore à Daniel, le roi lui dit: « Pour celui-ci, tu ne peux nier qu'il ne soit un dieu vivant, adore-le donc? — Non! non! ce n'est point là le Dieu vivant, » répondit Daniel; « laissez-moi faire et, sans épée ni bâton, je le ferai bien périr. » Avec la permission du roi, il fit des galettes empoisonnées, les jeta au dragon et la maudite bête en creva.

A cette nouvelle, il s'éleva une grande rumeur parmi les Babyloniens; ils s'ameutèrent contre le roi : « Il est devenu Juif, » s'écriaient-ils, « il a détruit Bel, il a fait mourir notre dragon et nos prêtres. » Ils demandèrent à hauts cris qu'il leur livrât Daniel, menaçant, s'il ne le faisait pas, de le massacrer lui-même et toute sa famille.

Le roi effrayé, ne crut pas pouvoir résister, et Daniel fut livré entre leurs mains.

Ces furieux résolurent de le précipiter de nouveau

dans la fosse aux lions, ou ignorant qu'une première fois il en était sorti sain et sauf, ou avec l'espoir qu'en l'y laissant plus longtemps, les lions, si on les affamait, finiraient par le dévorer.

Il y avait sept lions dans la fosse; tous les jours on avait coutume de leur donner deux corps morts et deux brebis; pendant six jours que Daniel resta au milieu d'eux, on leur supprima toute nourriture. Pendant ce temps-là, Daniel lui-même aurait eu à souffrir une faim mortelle, si le bon Dieu, non content de le préserver de la dent de ses féroces compagnons de captivité, n'eût pris soin d'y pourvoir. Tous les jours un autre prophète, nommé Abacuc, transporté par un ange, lui apportait un pain.

Le septième jour, le roi inconsolable vint pour pleurer Daniel; il regarda dans la fosse et le vit tranquillement assis au milieu des lions devenus ses meilleurs amis. « O Seigneur Dieu de Daniel, s'écrie-t-il, vous êtes grand! » Il le fit tirer encore une fois de cette horrible prison et à sa place également ordonna qu'on jetât ceux qui avaient été les instigateurs de sa perte; à l'instant ils furent dévorés en leur présence, et il s'écria à son tour:

« Que les habitants de toute la terre craignent le Dieu de Daniel, car il est celui qui sauve et qui fait des miracles au ciel et sur la terre; c'est lui qui a délivré Daniel de la fosse aux lions. ».

Tant que vous vivrez, chers enfants, n'ayez donc jamais aucune crainte, si ce n'est de ne pas servir assez bien le bon Dieu.

———

3ᵉ BOUQUET.

TEMPS DU SAUVEUR ET DES APOTRES.

I.

LE ROI PACIFIQUE.

Les soixante-dix semaines d'années prévues par Daniel sont à leur terme ; le Rédempteur promis est venu ; à Béthléem de Juda, un enfant nous est né ; par cet enfant la nature déchue sera réhabilitée, par lui l'homme recouvrera l'empire qu'il avait perdu.

Mais, je vous en ai prévenu, cet empire plus grand, plus élevé, plus complet que le premier ne lui sera pas tout à fait semblable, et tant que nous vivrons dans ce monde, il faudra que nous nous rappelions la chute de notre premier père, que nous en apercevions les funestes conséquences. Il faudra que par l'horreur même qu'elles nous inspireront, nous fassions plus d'efforts pour suivre ce petit enfant par la voie des humiliations et des souffrances. C'est par cette voie que nous entrerons dans un paradis mille fois supérieur à celui où Adam dans ses meilleurs jours, aurait trouvé le bonheur.

Jésus est le nouvel Adam ; de même que l'un des signes de l'état de grandeur et de béatitude où le premier avait été créé, était la sujétion de tous les animaux, de même Jésus, le nouvel Adam a voulu marquer son empire pacifique sur les âmes en naissant dans une étable.

On l'y représente ordinairement entre les deux compagnons restés les plus humblement soumis à l'homme après la révolte de la nature entière, un bœuf et un âne. Selon les traditions, ils se seraient véritablement trouvés auprès de son berceau, comme une touchante image des enfants, et en général de toutes les âmes qui volontairement se soumettent à l'aimable joug du Sauveur.

Après la chute d'Adam, nous avons vu la prédilection que le bon Dieu manifesta aussitôt pour l'état pastoral dans la personne d'Abel. A la naissance du nouvel Adam, ce sont des pasteurs qui les premiers sont appelés près de la crèche où il vient d'être déposé sur un peu de paille. N'est-ce pas pour marquer que le petit Jésus veut recouvrer, par la bonté et la douceur en se faisant aimer, le cœur de l'homme révolté contre son Créateur? C'est ainsi, en effet que par leurs soins les pasteurs recouvrent ou conservent sur leur troupeau un empire que les hommes ont perdu sur le reste des animaux.

Plus tard, Jésus au moment de commencer la carrière publique de ses prédications, laisse entrevoir son empire aussi sur les bêtes sauvages, c'est-à-dire sur les cœurs même les plus durs : un mot de l'évangéliste saint Marc nous l'apprend. Racontant comment après avoir reçu le baptême de saint Jean, ce divin Sauveur s'en alla dans le désert, pour y jeûner pendant quarante jours, le saint évangéliste ajoute qu'il y était avec les bêtes sauvages. On doit l'entendre ce semble dans ce sens, que vivant au milieu d'elles, il les tenait assujetties.

Jésus, lorsqu'il fut au terme du temps qu'il s'était proposé de rester sans boire ni manger, permit au démon de le tenter d'abord par la faim , puis par l'orgueil, puis par la cupidité et l'ambition. A chacune des suggestions de l'esprit de ténèbres, il répondit par des paroles empruntées aux saintes Écritures , et le monstre infernal fut renvoyé avec honte et confusion.

Pendant trois ans, le divin Sauveur parcourut ensuite les villes , les bourgs et les campagnes, semant partout des paroles de salut et de paix , préparant ainsi son règne sur les âmes.

Il avait choisi douze apôtres pour en faire comme ses ministres et ses lieutenants ; il les avait choisis humbles et pauvres comme lui, doux et pacifiques comme lui. Deux fois il leur arriva de montrer des dispositions plus belliqueuses et il les en reprit.

Il reprit saint Jacques et saint Jean qui voulaient faire tomber le feu du ciel sur une ville coupable de lui avoir fermé ses portes. Quand il fut saisi par ses meurtriers, il reprit saint Pierre d'avoir voulu le défendre par l'épée.

Jusque-là il avait fui, il s'était tenu éloigné de Jérusalem pour éviter les Juifs qui voulaient le faire mourir. Le moment qu'il avait choisi venu, il y revint au contraire tout exprès pour y recevoir la mort.

Il voulut néanmoins montrer auparavant qu'il était vraiment roi , et revenant à Jérusalem, il avait résolu d'y rentrer en triomphe ; roi pacifique, il fit en sorte que ce triomphe eût à la fois quelque chose de modeste et de glorieux.

Comme il approchait de la ville, il envoya deux de

ses disciples dans un village voisin nommé Bethphagé,
leur annonça qu'ils y trouveraient une ânesse et son
petit ânon qui n'avait point encore été monté, et leur
dit de les lui amener, les prévenant qu'ils n'auraient
point de difficultés à craindre de la part des maîtres de
ces deux humbles animaux.

Tout se passa en effet comme Jésus l'avait prédit : les
disciples allèrent dans le village ; ils y trouvèrent attachés
devant une porte l'ânesse et le petit ânon ; comme ils les
déliaient, ils dirent que le Seigneur en avait besoin, et
on les leur laissa emmener.

Revenu près de leur Maître, ils les couvrirent de leurs
vêtements et Jésus les monta. Il semblerait, d'après le
récit de l'un des auteurs sacrés, qu'il les monta successivement ; s'il le fit, ce ne fut pas sans mystères : ces
mystères, je n'entreprendrai point de vous les dévoiler.
Les moindres actions du Fils de Dieu, en renferment
d'admirables. Il ne peut pas être douteux, dans tous les
cas, qu'il ne fît son entrée à Jérusalem sur le petit ânon,
monté pour la première fois, et c'est le seul point sur
lequel dans ce moment, je veux attirer votre attention.

Rien n'est pénible ordinairement pour ces pauvres
animaux comme le jour où il faut leur imposer semblable contrainte. Jusque-là laissés à toute la liberté de
leurs allures, tandis que leur mère portait patiemment
sa charge accoutumée, ils couraient çà et là ; ils folâ-
traient le long du chemin. On les réduit à leur tour à
porter le joug ; essaient-ils de regimber, on les bat, on
les bride, et, par crainte, ils se soumettent le reste de
leurs jours à une dure servitude.

Ainsi il n'en fut pas du jeune ânon que monta Jésus; de la part du divin Maître de toute créature, tout fut douceur dans cette circonstance. C'est comme un roi plein de douceur que le prophète Isaïe l'avait annoncé à la fille de Sion. La douceur, c'est le caractère propre de Jésus; il devient sévère, sans doute, sa sévérité est terrible, mais pour ceux-là seulement qui méchamment refusent de se rendre à l'attrait de sa douceur.

L'humble monture dont nous parlons y céda sans résistance, domptée par un charme indicible, et son bonheur, tandis qu'elle porta Jésus, fut assurément le plus grand que puisse avoir pauvre bête de son espèce.

Quand vos devoirs vous paraîtront difficiles, quand à l'entraînement du jeu, il faudra faire succéder le travail de l'étude, le recueillement de la prière, pensez que c'est le joug de Jésus que vous prenez, et il vous paraîtra plus doux que tous les plaisirs de la terre. Faire quelque chose pour Jésus, ce n'est plus seulement le porter comme le put faire le petit de l'ânesse de Bethphagé, c'est le porter dans son cœur, comme un ami porte son ami.

Mais ne faites pas comme les habitants de Jérusalem, qui ce jour-là accueillirent ce divin ami, ce roi plein de douceur par de si vifs transports d'allégresse, qui pour lui faire honneur jonchèrent la terre de feuillage, étendirent leurs habits sous ses pas, et qui quelques jours après le crucifièrent.

Aujourd'hui à ce roi pacifique, vous lui appartiendrez toute votre vie, toujours vous serez ses enfants.

II.

LA PÊCHE MIRACULEUSE

Aux bords du lac de Génézareth, une grande foule de peuple se pressait sur les pas de Jésus pour entendre les divines paroles qui sortaient de sa bouche.

Deux barques de pêcheurs se tenaient sur le rivage, et les pêcheurs eux-mêmes en étaient descendus pour laver leurs filets.

Jésus monta sur l'une des barques; elle était à saint Pierre qui portait encore le nom de Simon et ne s'était pas encore définitivement mis à la suite de son divin Maître.

Jésus le pria d'éloigner un peu la barque; il s'y assit et s'en servit comme d'une chaire pour prêcher le peuple.

Quand il eut terminé son discours, il dit à saint Pierre de mener sa barque au large et de lancer ses filets.

« Seigneur « répondit saint Pierre, » toute la nuit nous avons travaillé et nous n'avons rien pris; sur votre parole, toutefois, je lâcherai les filets. »

Saint Pierre était accompagné de saint André, son frère; ils lâchèrent les filets et prirent des poissons en si grande quantité que les filets en rompaient. Ils ne pouvaient non plus les tirer tant ils étaient lourds; ils firent signe à leurs compagnons qui étaient dans l'autre barque de venir leur aider. Ceux-ci accoururent et ils remplirent les deux barques de tant de poissons, qu'elles en étaient presque submergées.

A cette vue, saint Pierre se jeta aux genoux de Jésus

et lui dit : « Seigneur, éloignez-vous de moi, car je suis un pêcheur. »

Cette pêche merveilleuse les avait en effet tous saisis de tant de stupeur, saint Pierre, saint André et leurs deux compagnons qui n'étaient autres que les fils de Zébédée, saint Jacques et saint Jean.

Jésus les rassura et dit à saint Pierre : « Ne craignez pas ; désormais, vous serez pêcheur d'homme. »

Ils amenèrent leurs barques à bord et quittèrent tout pour le suivre.

Leurs barques, leurs filets, cette grande abondance de poissons qui leur offrait la certitude d'un si beau gain, et qui semblait une libéralité du Fils de Dieu dont ils devaient profiter, ils quittèrent tout pour ne plus se séparer de Jésus.

Ils se réduisirent pendant trois ans à la vie pauvre et errante qu'il avait adoptée, à tel point que le divin Sauveur disait de lui-même : « Les oiseaux du ciel ont leurs nids, les renards ont leurs tanières et le Fils de l'homme n'a pas où reposer sa tête. »

Les nouveaux apôtres en se mettant à sa suite, s'exposaient encore à partager toutes les persécutions auxquelles il allait être en butte de la part des méchants.

N'importe, suivre Jésus, c'est la première des fortunes, le plus grand des bonheurs. Saint Pierre et ses compagnons eussent-ils quitté, au lieu simplement de leurs barques, de leurs filets, des poissons qu'ils venaient de prendre, tous les royaumes, tous les trésors de la terre, ils auraient infiniment plus gagné que perdu à cet échange.

Ils l'aimaient bien ce bon Maître, ils lui étaient bien

dévoués, cependant la faiblesse humaine est si grande ! lorsque Jésus fut pris au Jardin des Olives, presque tous les apôtres s'enfuirent ; saint Pierre ne continua à le suivre de loin que pour le renier bientôt après ; saint Jean seul avec Marie et les saintes femmes se trouva au pied de la croix sur le Calvaire.

Les apôtres ne tardèrent pas à se repentir de leur faute, et après la résurrection, ils eurent la joie de le revoir au milieu d'eux.

Ils le revoyaient, mais par apparitions momentanées seulement. Après l'avoir vu à Jérusalem, ils avaient reçu l'ordre de retourner en Galilée où ils devaient le voir encore. Ne l'ayant plus constamment avec eux, leurs habitudes étaient brisées, et ce n'était qu'après la descente du Saint-Esprit, le jour de la Pentecôte, qu'ils devaient commencer leur grande mission apostolique.

Dans un de ces intervalles où leur temps n'avait pas d'emploi bien fixe, saint Pierre se retrouvant avec saint Thomas, saint Jacques, saint Jean et quelques autres sur les bords de la mer de Tiberiade, et se ressouvenant de son ancienne profession leur dit : « Je m'en vais pêcher. » Les autres reprirent : « Nous y allons avec vous. »

Ils montèrent sur une barque, y passèrent la nuit ; mais il leur fut impossible de rien prendre.

Le lendemain matin, dans le demi-jour encore incertain de l'aurore, ils aperçurent sur le rivage un homme qu'ils ne reconnaissaient pas.

« Enfants, » leur dit cet homme avec douceur « avez-vous quelque chose à manger. — Non, répondirent-ils.

— Jetez vos filets du côté droit de la barque et vous en trouverez, » reprit l'étranger.

Ils les jetèrent, et prirent encore une fois une si grande multitude de poissons, qu'ils ne pouvaient avec tous leurs efforts réunis tirer les filets.

Jean, le disciple bien-aimé ne s'y méprit pas plus longtemps, « c'est le Seigneur, » s'écria-t-il.

Saint Pierre, à cette parole, reprit en grande hâte ses vêtements et se jeta à l'eau. Les autres s'avancèrent avec la barque vers le bord dont ils étaient peu éloignés, traînant après eux les filets chargés de poissons.

Quand ils furent descendus à terre, ils virent près de Jésus, car c'était bien lui, un brasier, des poissons qui rôtissaient et du pain.

Ce n'était pas sans mystère; le pain et les poissons rappelaient le miracle de la multiplication des pains et des poissons, miracle qui lui-même était un image de l'Eucharistie. Vous savez que dans ce divin Sacrement, le pain se change dans le corps de Notre-Seigneur Jésus-Christ, et le poisson a été pendant longtemps parmi les chrétiens, quand ils étaient obligés de se cacher, le symbole dont ils se servaient pour rappeler le Sauveur lui-même. Le mot grec qui signifie *poisson* et dont ils se servaient dans ce sens, leur rappelait en même temps ces paroles : *Jésus-Christ, Fils de Dieu, Sauveur*, dont il réunit dans cette langue toutes les premières lettres.

Revenons aux apôtres; quand Jésus les vit autour de lui, il leur dit : « Apportez des poissons que vous venez de prendre. »

Saint Pierre remonta dans la barque et tira les filets

jusqu'à terre. Ils renfermaient cent cinquante-trois grands poissons, ils furent bien comptés. Naturellement les filets auraient dû se rompre, ils n'avaient aucun mal.

« Venez et mangez maintenant » leur dit Jésus.

Ils le regardaient en silence, reconnaissant bien qui il était, et par respect par cette raison même, n'osant pas l'interroger. J'en suis sûr, leurs cœurs devaient battre bien vivement !

Jésus prit du pain et leur en donna ; il prit du poisson et leur en donna également, et ils firent avec leur bon Maître le plus délicieux repas qu'il puisse être donné à des hommes de prendre sur la terre.

Ce fut à la suite de cette manifestation que le Sauveur, après avoir demandé par trois fois à saint Pierre s'il l'aimait, et en avoir reçu trois protestations d'amour, lui confia solennellement le soin de paître ses agneaux et ses brebis, lui prédit qu'il serait martyr et annonça au contraire à saint Jean qu'il mourrait d'une mort naturelle.

Bientôt après Jésus monta au ciel, envoya le Saint-Esprit aux apôtres, et ce fut alors que saint Pierre devint véritablement pêcheur d'hommes.

Heureux ceux qui sont pris dans ses filets, car c'est pour entrer dans sa barque, c'est-à-dire dans l'Église, et c'est là seulement que l'on trouve la vie en mourant au monde.

L'eau du lac c'est le monde, et les poissons qui en sont tirés, les chrétiens rendus semblables à Jésus, le *divin poisson*. Naturellement les poissons doivent vivre dans l'eau, c'est là seulement qu'ils semblent pouvoir être heureux, on dit : Heureux comme poisson dans l'eau ; naturellement aussi c'est dans le monde que nous devrions croire être heureux.

Mais non, Jésus nous appelle surnaturellement à une autre destinée, et c'est en mourant au monde que l'on vit pour toujours avec lui.

III.

LES POURCEAUX DES GÉRASÉNIENS.

Notre-Seigneur Jésus-Christ passa la plus grande partie de sa vie publique en Galilée, et le lac de Génézareth fut souvent témoin de ses prédications, de ses miracles, de ses bienfaits de tout genre.

Les peuples qui en habitaient les bords, reconnaissants d'une si grande faveur, auraient dû devenir meilleurs que les autres; ils n'en firent rien, ils se familiarisent, comme à une chose toute naturelle, à tout ce que le divin Sauveur faisait pour eux et au milieu d'eux, et ils méritèrent pour la plupart d'être rejetés avec une rigueur qui doit nous faire trembler, nous qui avons reçu tant de grâces.

« Malheur à toi, Chorasin, malheur à toi, Béthsaïde » s'écriait un jour Jésus, s'adressant aux principales villes qu'ils habitaient, « car si à Tyr et à Sidon avaient été faites les manifestations de la puissance divine dont vous avez été les témoins, il y a longtemps qu'elles auraient fait pénitence sous le cilice et la cendre. »

« Et je vous le dis, Tyr et Sidon au jour du jugement seront traitées plus doucement que vous. »

« Et toi Capharnaum, seras-tu élevée jusqu'au ciel?

Tu seras abaissée jusqu'aux enfers, car si à Sodome avaient été faites les merveilles qui ont été faites chez toi, elle subsisterait encore. »

« C'est pourquoi, je vous le dis, au jour du jugement, Sodome sera traitée moins sévèrement que toi. »

Jésus venait en naviguant sur le lac de Génézareth d'apaiser une grande tempête qui s'était élevée pendant son sommeil, et ses disciples s'étaient émerveillés de la promptitude avec laquelle les eaux et les vents lui avaient obéi.

Ils abordèrent ensuite dans la contrée des Géraséniens qui s'étendait sur la rive opposée à la Galilée. Quand Jésus fut sorti de la barque et descendu à terre, il se rencontra devant lui un homme qui depuis longtemps était possédé du démon.

Ce malheureux était tout nu, sans aucun vêtement; on avait d'abord essayé de l'enchaîner pour modérer ses fureurs, mais il avait brisé ses chaînes et vivait dans des lieux déserts éloignés des habitations, ayant pour unique abri des sépulcres, qui alors dans ce pays avaient la forme de grottes.

Quand il vit Jésus, il se jeta devant lui et s'écria à haute voix : « Qu'ai-je à faire avec vous, Fils du Dieu souverain? Je vous en prie, ne me tourmentez pas. »

C'était le démon qui parlait ainsi par la bouche du possédé, car le pauvre homme lui-même n'avait que du bien à attendre du doux Sauveur. Il allait lui devoir sa délivrance, mais en attendant il n'avait plus en propre, ni mouvement, ni parole, tant l'esprit du mal était maître dans son corps.

Le démon, au contraire, devait voir cesser son empire partout où se montrait Jésus ; il est si méchant, qu'à son gré être empêché de faire le mal, c'est être tourmenté !

Jésus lui demanda son nom. « Légion » répondit-il, ou plutôt répondirent les démons, car en les obligeant à faire cette réponse, le divin Sauveur voulait apprendre à tous ceux qui étaient à portée de l'entendre, que toute une légion infernale s'était emparée du malheureux.

Jésus leur commandant de sortir de cet homme, ils demandèrent comme une grâce de ne pas rentrer immédiatement dans l'abîme de l'enfer. Il y avait près de là un grand troupeau de pourceaux qui paissaient sur les flancs de la montagne ; les démons supplièrent qu'il leur fût permis d'entrer dans ces animaux immondes. Cette grâce leur fut accordée.

A l'instant même, le possédé fut guéri, et l'on vit tout le troupeau de pourceaux avec des mouvements convulsifs, s'agiter, courir, se précipiter dans le lac.

Les porchers saisis d'une terreur inouïe s'enfuirent, racontant partout dans les champs sur leur passage, dans la ville où ils rentrèrent, l'effrayante merveille à laquelle ils devaient la perte de leur troupeau.

Beaucoup de gens accoururent ; ils virent Jésus, et tranquillement assis à ses pieds, sain de corps et d'esprit, le pauvre homme qu'ils avaient connu peu auparavant d'un si repoussant aspect, auquel ils avaient vu de si horribles transports. Il avait repris des vêtements ; le calme était sur son visage, la paix sans doute aussi dans son âme, car Jésus, quand il guérissait les maux du corps, avait coutume aussi de remettre les péchés.

En le voyant si heureux, si paisible , si reconnaissant pour son bienfaiteur , ses anciens amis , ses proches, tous ceux qui, après l'avoir vu naître et vivre au milieu d'eux, avaient eu l'affligeant spectacle de l'état où il était tombé, auraient dû partager sa joie, tomber eux-mêmes aux pieds du Sauveur, le bénir d'un si grand bienfait, recourir à lui comme à l'auteur de tout bien, au vainqueur de tout mal.

Et leurs pourceaux qu'ils avaient perdus?...

Les misérables, c'était bien là ce qui leur tenait au cœur. Est-ce que le salut d'un seul de leurs frères n'était pas préférable à tous les pourceaux imaginables.

Oui, mes enfants, sachez-le bien, le prix d'un homme, créé à l'image de Dieu, racheté du sang de Jésus-Christ, est au-dessus, je ne dirai pas seulement de ces vils troupeaux, mais de tout ce qui dans cette vie constitue des biens et des richesses. Toutes ces choses tôt ou tard périront, l'âme de l'homme est immortelle, son corps ressuscitera un jour.

Nous ressusciterons tous, mais dans quel état? Sera-ce pour être heureux ou pour être malheureux? Cela dépend de ce que nous sommes dans cette vie ; sommes-nous bons, sommes-nous méchants ?

Les poissons tirés miraculeusement des eaux du lac de ce monde, et recueillis dans la barque de saint Pierre vous représentaient les bons ; les pourceaux précipités dans ces mêmes eaux pour n'en plus revenir, vous disent assez quel sera le sort éternel des méchants, de tous ceux qui se livrent à la grossièreté de leurs appétits charnels.

Voyez aussi ce que c'est que de tomber au pouvoir du démon ; à peine ces pauvres animaux sont-ils au pouvoir des esprits infernaux que ceux-ci ne songent qu'à les faire mourir de la mort la plus cruelle.

Par le péché pourtant, par un seul péché mortel, on se met au pouvoir du démon !...

Et pourquoi ne vous entraîne-t-il pas tout de suite dans l'enfer, c'est parce que le bon Dieu l'arrête ; Jésus lui dit : « Attends ! »

Attends ! peut-être ce pécheur se convertira, au moins je veux lui en laisser le temps, lui en ménager les moyens.

C'est là ce que Jésus fit pour les Géraséniens. Ils étaient plus ou moins éloignés de Dieu, plus ou moins méchants ; par conséquent, Jésus venait pour les rendre bons. Au lieu de permettre aux démons de s'emparer d'eux et de les précipiter dans l'abîme infernal comme ils le méritaient, il permit seulement à ces esprits malfaisants de détruire leurs pourceaux. Il en avait bien le droit, puisqu'il est le Souverain Maître de toutes choses. Mais comme le meilleur des maîtres, il donnait ainsi à ce peuple un avertissement qui aurait dû lui faire la plus salutaire impression.

C'était lui dire : choisissez entre le sort de cet homme, il y a un instant possédé par une légion de détestables démons, et maintenant si paisible, si heureux, si content à mes pieds, et celui de ces vils animaux tout à l'heure sur la terre uniquement occupés des plus grossières jouissances, et maintenant perdus pour jamais.

On aurait peine à le croire, ce fut le sort des pour-

ceaux qui eut la préférence pour ces grossiers Gérase-
niens ; tous d'un commun accord, ils prièrent Jésus de
s'en aller.

Avoir Jésus et lui dire de s'en aller ! Est-il possible
d'imaginer une aberration semblable ? A Jésus la source
de tous les biens, le remède à tous les maux, préférer
quoi ? la jouissance paisible d'un troupeau de porcs.

Jésus les traita comme ils le demandaient ; il remonta
dans la barque de saint Pierre et s'en alla. Ils purent alors
élever d'autres pourceaux, les engraisser, manger leur
chair, en manger abondamment, les vendre, compter
leur prix ; ils ne virent plus les démons s'en emparer, et
les précipiter dans le lac. Non, mais les démons continuèrent d'habiter leurs propres cœurs, d'en être les
maîtres ; et s'ils ne se sont pas repentis, s'ils n'ont pas
fait pénitence, ces monstres infernaux au jour de leur
mort, lorsque le bon Dieu lassé d'attendre l'aura
permis, les auront tous entraînés dans le gouffre sans
fond, où non-seulement on se noie, mais où l'on brûle
toujours.

Voilà le sort qui attend non-seulement les grands pécheurs, mais tous ceux qui à Jésus préfèrent les biens
périssables de ce monde.

IV.

LES EMBLÈMES DIVINS.

Point de créature qui soit foncièrement mauvaise ;
elles viennent toutes du bon Dieu et conservent toutes
quelque chose de la noblesse de cette origine.

Pourquoi donc est-il certains animaux auxquels il s'attache une signification habituellement défavorable? C'est qu'ils nous représentent l'abus que nous faisons des dons du bon Dieu, des qualités même les plus précieuses.

La preuve, c'est qu'il en est peu qui tour à tour ne soient pris en bonne ou en mauvaise part.

Le serpent même qui servit d'instrument au démon pour tenter nos premiers parents, et qui depuis est employé le plus souvent pour personnifier cet esprit du mal, le serpent a été cependant présenté par Notre-Seigneur Jésus-Christ comme l'emblème d'une vertu. Ce divin Maître veut que nous sachions unir la prudence du serpent à la simplicité de la colombe.

Vous savez comment le serpent d'airain élevé par Moïse dans le désert était la figure du Sauveur lui-même.

Jésus d'un autre côté est le lion de la tribu de Juda; aucun animal ne représente mieux sa puissance et son triomphe, et cependant il a souffert que l'ennemi infernal fût comparé à un lion qui sans cesse rôde autour de nous pour nous dévorer.

Il y a donc de bons et de mauvais lions, il peut même y avoir de bons et de mauvais serpents. Qu'est-ce que cela veut dire? Que l'on peut bien ou mal user de la force et du courage représentés par le lion; que la prudence, représentée par le serpent, peut être mise également au service d'une bonne ou d'une mauvaise cause. Remarquez que je ne parle point de cette finesse astucieuse, qui par elle-même est toujours condamnable.

Mais il y a des emblèmes que le bon Dieu s'est à tel point réservé à lui et aux siens, que jamais dans les saintes Écritures, on les voit détourner d'un sens favorable. Ce sont ceux qui expriment des idées d'innocence, de douceur, de simplicité, d'affection pure et candide, comme la colombe, comme l'agneau.

La colombe a été choisie par le Saint-Esprit comme son emblème personnel.

L'agneau est devenu par excellence celui du Dieu fait homme.

Lorsque Notre-Seigneur Jésus-Christ fut baptisé dans le Jourdain par saint Jean-Baptiste, l'on vit une colombe éclatante de blancheur descendre au-dessus de lui; c'était le Saint-Esprit qui manifestait sous cette candide image sa divine présence.

Depuis, la colombe habituellement employée comme son image l'a été aussi pour représenter les âmes justes qui obéissent à ses inspirations, les âmes des petits enfants qui aiment bien le bon Dieu.

L'agneau pascal était la figure du Sauveur; Isaïe l'a aussi comparé à un petit agneau qui se laisse conduire à la boucherie. Saint Jean-Baptiste l'apercevant pour la première fois, et le montrant à ses disciples le désigna en disant : « Voici l'agneau de Dieu. » Dans ses prophétiques visions de l'Apocalypse, saint Jean l'évangéliste voit un agneau sur l'autel du Dieu vivant; cet agneau, c'est Jésus immolé pour notre salut. « Agneau de Dieu » lui disons-nous chaque jour dans nos prières « ayez pitié de nous; donnez-nous la paix! »

Oh oui! tendre agneau, ayez pitié de nous, voyez

notre faiblesse et notre misère. Ayez pitié de ces petits enfants à qui je veux apprendre à vous connaître, à vous aimer. S'ils ne vous ont pas jusqu'à présent beaucoup aimé, ils ne vous ont pas non plus, j'espère, beaucoup offensé ; faites qu'ils vous aiment beaucoup et qu'ils craignent par-dessus tout de vous déplaire : vous êtes si doux, si bon, si aimable, petit agneau !

Jésus aime tant les douces images de la vie pastorale, que se comparant à un agneau quand il rachète nos péchés par sa mort, il nous compare à des brebis quand nous nous laissons conduire par sa main paternelle.

Vous savez quelle est la sollicitude d'une poule pour ses poussins, comme elle veille, comme elle court, comme elle s'emporte, comme elle a l'œil à tout pour les protéger. Y a-t-il quelque soupçon de danger, un nuage passe-t-il sur le ciel, juge-t-elle seulement que sa tendre progéniture a besoin d'être réchauffée, elle étend les ailes, les petits accourent ; et vous ne sauriez lui voir de calme et de repos que toute la couvée ne soit en sûreté sous l'abri qu'elle leur offre avec tant d'amour.

C'est encore de cette touchante et familière image de la tendresse maternelle que le bon Jésus se plaisait à se servir pour exprimer tout ce qu'il avait fait pour attirer à lui le peuple juif.

« Jérusalem, Jérusalem » s'écriait-il « qui tues les prophètes et lapides ceux qui te sont envoyés, combien de fois ai-je voulu rassembler tes enfants comme une poule rassemble ses poussins sous ses ailes, et tu ne l'as pas voulu. »

Ce que Jésus faisait pour Jérusalem, il le fait pour

nous, il étend ses ailes ; allons nous y jeter, nulle part
ailleurs, il n'y a de sûreté pour nous.

Vous voyez par quelle touchante image il nous y in-
vite, vous voyez aussi la simplicité avec laquelle il ne
craint pas de prendre pour terme de comparaison de si
infimes détails de la vie pastorale ou de la vie domestique.

V.

LES EMBLÈMES DES ÉVANGÉLISTES.

Encore des emblèmes : pourquoi pas plutôt des histoires ? Ne sont-ce pas des histoires que je vous ai pro-
mises ?

Ces emblèmes sont destinés à donner plus de prix à
nos histoires. Ils montrent en paroles et en images ce que
les histoires disent en action.

La place que nous avons faite aux emblèmes divins,
que nous faisons aux emblèmes des évangélistes, que
nous ferons tout à l'heure aux emblèmes de l'Apocalypse,
permettra de puiser plus longtemps à la source vivifiante
des saintes Écritures, dont je veux d'autant plus faire la
base de tous nos récits, que leur unique but est de mettre
en action la morale de l'Evangile.

J'aurais hésité à offrir en aussi grande proportion à
vos tendres intelligences, la forte nourriture des Livres
saints, mais une voix, sans les encouragements de laquelle
je n'aurais même pas osé abordé un pareil sujet, m'a
dit :

« Allons, de ces enfants Jésus veut faire des hommes,
il veut en faire de solides chrétiens ; il est la lumière, il

saura autant qu'il le faut pour vous comprendre, éclairer leurs jeunes âmes. »

Vous n'êtes pas sans connaître les quatre animaux ailés que l'on donne pour attributs aux quatre évangélistes : l'homme à saint Mathieu, le lion à saint Marc, le bœuf à saint Luc, l'aigle à saint Jean.

Ces images se rencontrent pour la première fois dans une vision du prophète Ezéchiel. Ils y semblent destinés à exprimer les merveilleux caractères de la puissance du bon Dieu et de sa conduite en toutes choses, spécialement dans le gouvernement de ce monde, et plus encore dans la dispensation de son œuvre par excellence, l'incarnation de son divin Fils et notre salut.

L'homme dans la création occupe un rang bien supérieur à tous les animaux, mais ici, où sa figure se rapporte à ses qualités naturelles, tandis que celles des autres animaux sont employés pour exprimer des qualités supérieures, elle se présente comme la première et la moins élevée.

Elle semble destinée par rapport à Dieu, à exprimer cette puissance et cette sagesse qui maîtrise et dirige chaque chose par les moyens qui lui sont naturellement propres.

Le lion exprime la force vive et impétueuse.

Le bœuf, la puissance qui marche d'autant plus irrésistiblement à son but qu'elle est plus patiente et plus sage.

L'aigle, cette sûreté de coup d'œil, cette rapidité d'exécution que n'arrête aucun obstacle.

Les images de l'homme, du lion, du bœuf et de l'aigle,

il est difficile d'en douter, d'après les termes du texte sacré, personnifient aussi dans la vision d'Ezéchiel, les anges du bon Dieu selon qu'il lui a plu, pour l'accomplissement de leurs missions, de les faire participer à ces divers caractères de force, de puissance et de sagesse, qui dans leur plénitude lui sont exclusivement réservés.

Notre-Seigneur Jésus-Christ étant Dieu, les possède parfaitement. Par rapport à lui, les animaux qui les représentent prennent aussi une signification plus particulière.

Jésus est homme, il est roi, il est prêtre, il est Dieu.

La figure de l'homme se rapporte à la vérité de sa nature humaine.

Le lion dit qu'il est roi.

Le bœuf, l'animal des sacrifices par excellence, dit qu'il est prêtre.

L'aigle dont le vol semble s'élever jusqu'au ciel, est une belle image de la nature divine.

Chacun de ces emblèmes s'applique ensuite par extension aux quatre évangélistes, tout à la fois selon les qualités qui les distinguent, et selon le côté par lequel ils ont principalement envisagé le divin Sauveur, saint Mathieu comme homme, saint Marc comme roi, saint Luc comme prêtre, saint Jean comme Dieu.

Saint Mathieu commence par donner la généalogie de Jésus-Christ en sa qualité de fils d'Abraham et de David, il s'attache dans une marche soutenue à le représenter comme réalisant dans sa personne toutes les prédictions des prophètes, il lui sied bien d'avoir pour attribut la figure naturelle d'un homme.

Saint Marc prend une course rapide, il semble vouloir en quelques bonds arriver à la résurrection et au triomphe du Sauveur ; ce n'est donc pas sans motif qu'il est figuré par un lion ; on remarque en outre qu'au début de son Evangile, il transporte le lecteur dans le désert où saint Jean-Baptiste faisait entendre sa voix , et le lion est le roi du désert.

Saint Luc montre qu'il s'attache au caractère sacerdotal du Dieu fait homme, lorsqu'il commence par rapporter l'apparition de l'ange pour annoncer la naissance de saint Jean-Baptiste, à Zacharie, au moment où celui-ci exerçait lui-même dans le temple ses fonctions de prêtre. Il y a ensuite dans la forme littéraire de saint Luc quelque chose de plus élaboré , qui n'est pas sans analogie avec la prudence laborieuse dont le bœuf est l'image.

Saint Jean enfin par la sublimité de ses pensées, qui tout d'abord s'élèvent jusqu'au Verbe divin, toujours vivant dans le sein du Père éternel , et qui jusqu'à la fin soutient son vol dans les hauteurs de l'amour du bon Dieu pour les hommes, ne pouvait être mieux comparé qu'à l'aigle.

Que dirai-je encore, chers enfants, sur un sujet si au-dessus de vous, et si au-dessus de moi : soyons homme , soyons lion , soyons bœuf, soyons aigle, c'est-à-dire ressemblons en tout à Notre-Seigneur Jésus-Christ.

Soyons en toutes choses ce qu'un homme doit être, fort comme Jésus , sage comme lui, élevons-nous par lui et avec lui , par l'amour et la prière, jusqu'au Père éternel qui règne dans les cieux ; soyons à lui et il sera à nous.

VI.

LES BÊTES DE L'APOCALYPSE.

Dans l'Apocalypse, saint Jean toujours sublime rapporte les visions où le bon Dieu a fait connaître ses grandeurs, celles de son divin Fils, les combats, les triomphes de son Église.

Autour du trône de Dieu reparaissent l'homme, le lion, le bœuf et l'aigle, ces quatre merveilleux animaux dont nous venons de nous entretenir; et plus directement que dans les visions du prophète Ezéchiel, ils y paraissent destinés à représenter les quatre évangélistes; chacun d'eux avait six ailes et des yeux partout le corps, ils chantaient : Saint, saint, saint, le Seigneur Dieu tout-puissant, qui a été, qui est, et qui doit venir.

Le divin Sauveur sous sa douce figure d'agneau occupe dans le ciel un trône particulier.

D'un autre côté les puissances du mal qui combattent contre Jésus et son Église sont représentées sous la figure de bêtes monstrueuses et malfaisantes.

Le divin agneau apparaît d'abord comme mort, parce que c'est par sa mort qu'il a remporté toute victoire.

Il paraissait mort, mais bientôt on voit qu'il est vivant, et cet admirable agneau, agneau par sa douceur, montre en même temps qu'il possède toute force et toute connaissance. Il a sept cornes pour exprimer sa force ; sept yeux pour dire que rien n'échappe à sa vue.

Viennent donc maintenant les horribles bêtes, suppôts de l'enfer, combattre contre lui !...

Avant cependant qu'elles ne paraissent, voyons ces quatre cavaliers qui se précipitent, portant la désolation et la mort parmi les ennemis du bon Dieu.

Le premier monte un cheval blanc, il porte un grand arc, et malheur à qui est atteint de ses flèches. Ce cavalier, c'est la peste !

Le second monte un cheval rouge, il brandit une épée, et de ses coups multipliés il ravage la terre. Ce cavalier, c'est la guerre !

Le troisième monte un cheval noir, il porte une balance, et partout sur son passage les vivres se payent au poids de l'or. C'est la famine !

Le quatrième monte un cheval d'une couleur livide. Quel est-il ? Venez et voyez ! C'est la mort, elle traîne l'enfer après elle !

Quoi, me direz-vous, est-ce que les bons ne sont pas eux aussi atteints par ces terribles combattants ? Est-ce qu'ils n'ont pas à souffrir la peste et toutes les maladies, la guerre et tous les désastres, la famine et la pauvreté, la mort enfin tôt ou tard ? Sans doute ; mais à eux que leur peuvent faire ces fléaux, qui ne leur serve à gagner le ciel où ils veulent aller ? La mort même, lorsqu'elle les frappe, leur en ouvre la porte.

Elle n'est à craindre avec tout son cortége que pour les méchants, parce qu'elle leur arrache la terre, où ils voudraient toujours demeurer et les jette en enfer.

Après diverses visions toutes plus prodigieuses les unes que les autres, saint Jean, du puits de l'abîme, vit sortir au milieu d'une horrible fumée des légions de sauterelles.

Les sauterelles qui ravagèrent l'Egypte n'avaient rien qui leur fût comparable ; celles-ci étaient mille fois plus affreuses : c'étaient des monstres qui avaient quelque chose du cheval, de l'homme et de la femme, elles avaient des dents comme celle du lion et avec cela elles portaient des couronnes d'or.

Elles signifiaient un des plus terribles fléaux dont la terre a déjà été frappée ou dont elle sera frappée un jour. Quel est ce fléau ? Je l'ignore, mais cette incertitude même ne nous crie que plus haut de nous tenir toujours en garde contre les jugements du bon Dieu, d'avoir la paix avec lui dans notre conscience, car nous ne savons pas s'il ne va pas tout à l'heure envoyer du ciel ou laisser sortir de l'enfer quelque puissance destructive qui ne nous laissera même pas le temps de nous reconnaître.

Ces sauterelles n'étaient pas encore aussi effrayantes qu'un énorme dragon rouge que saint Jean vit quelque temps après apparaître, il avait sept têtes, dix cornes ; sur chacune de ses têtes il portait un diadème, et de son épouvantable queue il entraînait le tiers des étoiles du ciel.

C'est là véritablement la puissance ennemie, le démon, et les étoiles qu'il entraîne avec lui, ce sont les mauvais anges qui d'astres de lumière qu'ils étaient, par leur chute sont devenus des princes de ténèbres.

Ce père de tous les monstres combattait contre la sainte Vierge et son divin Fils, contre l'Église et ses enfants ; précipité du ciel à la suite d'une terrible bataille que lui livra saint Michel, il continuait toujours de combattre.

Il lui vint bientôt un auxiliaire aussi méchant que lui : c'était une bête non moins hideuse, saint Jean la vit sortir de la mer ; elle avait aussi elle, sept têtes, aussi elle, dix cornes, sur chacune de ses cornes elle portait un diadème, et sur chacune de ses têtes étaient écrits des blasphèmes ; dans son ensemble elle ressemblait à une panthère, mais elle avait des pieds d'ours et une gueule de lion.

Et voyez à quel excès d'abomination peuvent se porter les hommes quand ils s'éloignent du bon Dieu : presque toute la terre se mit en adoration devant cette affreuse bête.

Elle était sortie de la mer ; une autre bête vint de la terre se joindre à elle, elle n'avait que deux cornes, et ces cornes avaient une étonnante ressemblance avec celles de l'agneau.

Je ne saurais vous dire positivement quels étaient tous ces monstres ; tout au moins, nous ne nous tromperons pas en disant qu'ils représentaient en général le péché, le monde, les puissances du monde, tous les hommes qui s'allient avec le démon pour faire le mal, pour combattre l'Église et persécuter les enfants de Dieu. La dernière de ces bêtes plus particulièrement semblerait une figure de l'Antechrist, qui doit venir vers la fin du monde résumer en lui tout ce qu'un méchant homme peut exercer de séduction, peut réunir de perversité, d'orgueil et de haine.

Toutes ces bêtes, qu'elles représentent des hommes ou des démons, sont des puissances de l'enfer, et le divin agneau les a vaincues, les vaincra encore ; enfin viendra le jour où il les emprisonnera dans l'éternel cachot de feu. Et vous, vous régnerez avec lui dans le séjour de la gloire et de la paix si vous lui êtes fidèles jusqu'à la fin.

Mais en attendant il faut combattre; l'Église sur la terre est appelée militante, tout chrétien est tenu d'être soldat et dans tous les temps qui vont passer sous vos yeux, tandis que nous suivrons le cours de nos récits, vous verrez l'Eglise et les saints toujours occupés à combattre.

VII.

LA VIPÈRE DE SAINT PAUL.

Lorsque Jésus était attaché sur la croix et qu'il souffrait toutes les douleurs qu'un corps humain peut souffrir, ses ennemis triomphants, les scribes et les pharisiens qui l'avaient fait condamner, les bourreaux qui exécutaient la sentence, les voleurs même qui partageaient son supplice, le bon larron qui ne s'était pas encore converti, disaient en hochant la tête et en blasphémant : S'il est le Fils de Dieu, qu'il descende de là et nous croirons en lui. Qu'il nous en fasse descendre, ajoutaient les larrons.

Jésus supportait patiemment ces injures, il priait pour ceux qui les lui faisaient : il était bien le maître assurément de descendre de la croix et de ne pas mourir : il mourut, parce qu'il le voulut, pour le salut du monde, mais en même temps par la manière dont il quitta la vie, il montra si bien qu'il était le maître de la mort, que tout ce qu'il y avait là d'hommes capables d'un retour se convertirent, et les endurcis n'eurent en partage que le désespoir et la confusion.

« Le serviteur n'est pas au-dessus de son maître, » disait la veille de sa mort Jésus à ses disciples. Il ajoutait qu'ils ne devaient pas s'attendre à être mieux traités qu'il ne l'avait été lui-même ; les méchants le haïssaient, le persécutaient, allaient le faire mourir, ils seraient haïs, persécutés, mis à mort. Mais aussi le Sauveur voulut montrer par de fréquents exemples qu'il ne tenait qu'à lui de les en préserver. Il le leur avait également prédit.

« Je vous donne le pouvoir de marcher sur les serpents et les scorpions, » leur avait-il dit [1]. Non-seulement il donnait ce pouvoir à ses premiers disciples, mais il le promit dans les termes suivants à tous ceux qui sur leur parole croiraient fermement à l'Évangile. « Ils prendront les serpents dans leurs mains, et s'ils boivent quelque poison mortel, il ne leur fera aucun mal [2]. »

Saint Paul d'abord l'un des plus grands persécuteurs de l'Église naissante, devenu un vase d'élection et l'apôtre des gentils, fut dès lors exposé à tous les genres d'épreuves, aux fouets, aux prisons, aux tempêtes, aux naufrages.

Prisonnier et conduit à Rome pour être jugé par l'empereur auquel il en avait appelé, il venait d'essuyer une terrible tempête ; le vaisseau qu'il montait, après avoir été balloté par les vents et les flots pendant qua-

[1] Luc x, 19.
[2] Marc xvi, 18.

torze jours, venait d'échouer près d'une plage inconnue de l'équipage, c'était l'île de Malte. Tous les naufragés, au nombre de deux cent soixante-seize personnes, avaient réussi à se sauver, soit à la nage, soit portés sur des planches, sur des débris de navire. Saint Paul leur avait promis sur la parole d'un ange cette délivrance miraculeuse; mais ils étaient tout trempés et transis de froid. Les habitants de l'île avaient eu compassion d'eux, ils avaient apporté du bois et allumé des feux pour les sécher et les réchauffer.

Saint Paul se tenait comme les autres près du feu : pour l'alimenter, il prit une poignée de sarments. Au milieu de ces sarments était enfermée une vipère engourdie par le froid ; ravivée par la chaleur, elle en sortit et se jeta sur la main du saint apôtre.

Quand les Maltais virent cette bête au poison mortel pendue à sa main, ils se dirent :

« Certainement, il faut que cet homme soit un meurtrier ; il vient d'échapper à la mer, mais la déesse de la vengeance le poursuit et ne lui permet pas de vivre. »

Mais saint Paul avait tranquillement secoué dans le feu le redoutable reptile et n'en avait reçu aucun mal.

Ces gens-là se fondant sur leur expérience, pensaient qu'immédiatement par l'effet du venin, il allait enfler et bientôt après tomber mort à leurs yeux. Ils attendirent longtemps, surpris de plus en plus de le voir demeurer dans son état naturel.

Quand ils virent définitivement que cet étranger avait pu être mordu par une vipère sans qu'il s'en suivît aucune autre conséquence, ils changèrent bien d'avis : ils allèrent jusqu'à se persuader qu'il était un dieu.

Il n'était point un dieu, mais un ami du bon Dieu, qui seul avait pu rendre sans effet le subtil venin de ce dangereux animal.

Saint Paul arriva à Rome sain et sauf ; l'empereur le traita avec indulgence, le laissa librement prêcher l'Évangile ; le saint apôtre le porta encore en d'autres contrées et ce ne fut que plusieurs années après sous la persécution de Néron, le jour même où saint Pierre était crucifié la tête en bas, qu'il eut la tête tranchée, et tous les deux ils unirent ainsi l'auréole du martyre à celle de l'Apostolat.

Tous les apôtres scellèrent de leur sang la prédication de l'Évangile, saint Jean seul excepté.

Plongé vivant dans une chaudière d'huile bouillante, il avait miraculeusement conservé la vie. Des hérétiques une autre fois lui avaient présenté un breuvage destiné à lui donner la mort ; on rapporte qu'il en sortit un horrible reptile, et saint Jean put boire impunément à cette coupe empoisonnée, qui souvent depuis a servi de trait caractéristique pour le représenter.

Jésus avait voulu prolonger son existence jusqu'au dernier terme de la vieillesse, afin, ce semble, que les chrétiens pussent entendre dire pendant plusieurs générations de la bouche d'un témoin oculaire avec quelle douceur il avait conversé parmi les hommes.

Comparé à un aigle pour la sublimité de son Évangile, le disciple bien-aimé était lui-même un modèle de douceur et de simplicité ; devenu plus que centenaire, il ne savait que répéter aux chrétiens d'Ephèse où il passa les dernières années de sa vie : « Mes petits enfants, aimez-vous les uns les autres. »

Il s'était fait une amïe d'une perdrix apprivoisée ; il lui donnait à manger, il la caressait de cette main qui a écrit les grandeurs du Verbe éternel, et plus d'une fois sans doute l'innocent oiseau reposa sur le sein qui lui-même avait reposé sur le sein de Jésus, en attendant que ce divin maître vînt tout doucement redemander l'âme de son ami.

4.ᵉ BOUQUET.

TEMPS DES MARTYRS.

I.

MARTYRS RESPECTÉS PAR LES BÊTES.

L'exemple de saint Jean survivant définitivement aux supplices qui lui devaient arracher la vie, est devenu rare. Depuis que Jésus est mort pour nous, le plus grand honneur auquel puisse aspirer un chrétien, c'est de mourir pour lui ; il n'en prive pas facilement ceux qu'il a une fois admis à confesser son saint nom au milieu des tortures.

Pour confondre les bourreaux, quelquefois pour convertir les spectateurs, plus rarement pour toucher le cœur du juge même, le bon Dieu s'est plu dans beaucoup de cas à frapper d'impuissance les supplices infligés à ses martyrs ; mais c'était pour permettre bientôt après à un autre instrument de mort de leur ouvrir les portes du ciel.

Il n'y en a pas qui soit réputé plus noble que l'épée ; aussi est-il, peut-être, sans exemple que le bon Dieu ait opéré un miracle pour en émousser le tranchant. Quand les roues à pointes de fer s'étaient brisées, quand les brasiers s'étaient éteints, quand les bêtes féroces étaient devenues douces et caressantes, il ne restait d'autre ressource aux tyrans pour assouvir leur rage que de trancher la tête des Catherine, des Agnès, des Cécile.

Tous les genres d'ignominies cependant, tous les genres de morts sont glorieux quand on les supporte pour Jésus-Christ; souvent donc ils produisaient tout d'abord leur effet: il est incalculable le nombre des martyrs qui eurent la gloire de périr déchirés sous la dent des lions, des ours, des léopards et des tigres, qui servirent de jouets aux taureaux furieux.

J'ai à vous parler au contraire de ceux qui virent ces terribles animaux respecter en eux le caractère d'enfants de Dieu.

La cruelle persécution de Dèce sévissait dans toute sa rigueur; saint Thyrse avait déjà épuisé la rage de deux de ses juges, Combritien et Silvan; la main de Dieu, pendant qu'ils le faisaient tourmenter, les avait frappés de maladies mortelles, ils avaient succombé.

Conduit à Césarée par l'ordre de Baudus, leur successeur, le martyr avait donné une si haute idée de sa vertu, que païens et chrétiens le saluaient unanimement du nom de juste et de saint.

Après l'avoir vainement soumis aux tortures les plus cruelles, Baudus fit annoncer au peuple qu'il eût à se rassembler en tel lieu désigné, les chrétiens y seraient livrés aux bêtes.

La foule s'avançait, Thyrse s'avançait aussi avec une indicible expression de joie, répétant ces paroles :

« J'ai choisi la voie de la vérité, Seigneur, faites-la moi connaître mieux encore. »

On ne pouvait assez s'étonner de voir son visage si resplendissant.

Pour expliquer la constance surhumaine des chrétiens

et le miracle dont était souvent accompagnée la confession du nom de Jésus-Christ, on les prétendait des enchanteurs.

« Voyez ses prestiges » s'écriait le peuple « comme ils le rendent beau ! »

Son prestige, c'était l'amour du bon Dieu et la confiance en lui ! Il n'y en a pas de plus puissant !

On le fit entrer dans l'arène où il devait être dévoré. Il eût semblé qu'il y entrait seul : « Non ! » s'écrie le rédacteur de ses Actes, « il n'y entrait que quatrième, les trois personnes divines y étaient avec lui. »

« Je vous bénis, Dieu tout-puissant, » s'écria-t-il en s'adressant à cette auguste Trinité, « qui avez formé sur des bases si solides, les montagnes et les collines. Vous avez fait naître les arbres avec toutes leurs semences ; sous leurs doux ombrages, vous avez offert une demeure aux bêtes des forêts, et vous avez voulu qu'en goûtant les charmes de la vie, elles vous connussent en quelque sorte et vous glorifiassent à leur manière, vous qui êtes l'auteur et le Dieu de toutes choses.

« O Dieu, vous connaissez les cœurs, vous en êtes le maître, je vous invoque : au nom de votre gloire, adoucissez ces bêtes féroces par le sentiment de votre crainte, afin que vos ennemis et les nôtres puissent connaître que c'est vous qui avez soumis les lions à Daniel votre serviteur, et avez au fond de l'abîme mis en pièces ses adversaires.

« Qu'ils sachent que c'est vous qui au sein d'une mer bouillonnante avez submergé la fureur des Egyptiens et guidé au milieu du désert votre peuple choisi. Hâtez-vous donc, Seigneur, de venir au secours de votre serviteur. »

Comme le martyr achevait sa prière, on lâcha contre lui tout ce qu'il existe de bêtes féroces, et plus terribles et plus vigoureuses.

A sa vue comme saisies d'effroi, elles s'arrêtent, elles l'entourent, lèvent les yeux au ciel, d'où leur vient une résistance inconnue.

« Auteur de la lumière, Dieu de miséricorde » poursuivit l'athlète de Jésus-Christ, « vous avez rassemblé les eaux dans le vaste Océan et leur avez assigné pour enceinte le sable de nos rivages ; que votre gloire se manifeste ! faites naître la douceur sur ces gueules dévorantes, faites-le pour confondre le cruel Baudus, qu'on le connaisse pour plus sanguinaire que les bêtes féroces. Sur votre ordre, qu'elles retournent chacune dans les repaires où elles ont fait autrefois leur demeure. »

Il s'arrêta quelques instants et reprit à haute voix : « Au nom du Seigneur, retournez dans les lieux où vous étiez accoutumées de prendre votre pâture ! »

A ces mots du martyr, ce fut un concert de joyeux rugissements comme à l'annonce d'une journée de chasse, pour une meute longtemps renfermée ; les lions et les tigres battaient de la queue à la fois comme pour glorifier Dieu et témoigner de leur reconnaissance pour son serviteur.

Puis soudain les portes de l'enceinte s'ouvrirent d'elles-mêmes et sans faire de mal à personne, les bêtes sauvages s'élancèrent toutes ensemble et disparurent dans la campagne.

Je renonce à vous dépeindre les impressions des spectateurs, leur effroi, leur admiration. Beaucoup s'écriaient : « Cet homme est vraiment de Dieu, il craint le vrai Dieu. » Un grand nombre se convertirent.

Baudus ne se convertit pas, il avait l'enfer dans le cœur, et semblable au démon, les manifestations de la gloire et de la puissance divine ne faisaient que l'irriter davantage. Il vit tomber à la renverse les statues de ses faux dieux, il vit Callinique, leur prêtre, se faire chrétien et partager le sort du martyr, son obstination n'en fut que plus grande. Traînant après lui saint Thyrse de Césarée à Apollonie, d'Apollonie à Milet, partout il le soumettait à de nouvelles tortures, partout il essuyait de nouvelles défaites.

Enfin il ordonna de le scier en morceaux. Le serviteur de Dieu fût entré dans la salle d'un festin qu'il n'eût pas eu l'air si gai et si joyeux. Une voix du ciel lui avait appris que ce jour-là était celui où ses combats seraient couronnés par la dernière victoire.

Il mourut, mais ce ne fut pas par la main des bourreaux : l'histoire a conservé leurs noms, ils se nommaient Vitalius et Sabinus. Ils commencèrent par enfermer saint Thyrse dans un cercueil et se mirent en devoir de scier le tout ensemble, le cercueil et le corps du martyr.

Ils tranchèrent le bois sans difficultés, mais quand ils arrivèrent aux chairs sacrées, que le bon Dieu soutenait de sa main toute-puissante, ils trouvèrent une résistance inouïe. « Tire, Sabinus ! » — « Plus fort, Vitalius ! » se criaient-ils l'un à l'autre ; et la scie marchait toujours emportant sur les côtés quelques parcelles de bois. Trois heures se passèrent, ils tombaient de fatigues; ils essayèrent de sortir alors leur victime de son étroite prison.

... Saint Thyrse n'avait pas l'ombre de mal : il adressa au Seigneur une prière courte et fervente, et dans son sein remit doucement son âme [1].

II.

DOMPTEURS ÉGORGÉS PAR LES BÊTES.

Vous venez de voir les bêtes recevoir le bienfait de la liberté, comme de leur maître, du martyr dont on avait prétendu faire leur jouet et leur victime ; mais elles s'enfuirent sur son ordre sans faire de mal à personne ; en voici d'autres pendant le cours également de la persécution de Dèce, qui après avoir respecté les martyrs se jetèrent sur ceux qui prétendaient les avoir domptées, et s'être rendus leurs maîtres.

Fortunatien, préfet de la province d'Afrique, par ses seules menaces venait de faire apostasier beaucoup de lâches chrétiens, mais il s'en trouva quarante qui déclarèrent être prêts à subir la mort et tous les tourments plutôt que de renoncer à Jésus-Christ.

Quatre d'entre eux nommés Térence, Maxime, Africain et Pompée, interrogés les premiers, furent sévèrement emprisonnés.

Le lendemain ce fut le tour de leurs trente-six compagnons qui eurent immédiatement la tête glorieusement tranchée.

[1] Boll., 28 janvier.

Fortunatien revint alors aux quatre premiers chrétiens renfermés dans sa prison ; voyant qu'il ne pouvait pas mieux réussir à les vaincre, il ordonna de rassembler tout ce qu'on pourrait trouver de bêtes les plus redoutées et les plus cruelles ; aux ours et aux tigres, d'associer les vipères et les reptiles les plus vénimeux et de les renfermer tous avec les saints martyrs.

Rien que cette pensée fait frémir plus que les vives et sanglantes excitations de l'amphithéâtre : ne vous semble-t-il pas entendre toutes ces horribles bêtes hurler, siffler, rugir à la fois de tant de manières différentes au milieu d'un pêle-mêle affreux où les quatre chrétiens sont confondus.

Il n'en fut pas ainsi : ces féroces animaux subitement adoucis par la présence des amis de leur Dieu, se rangèrent innocemment à leurs pieds, et les martyrs à cette vue se mirent à chanter des psaumes et des cantiques en son honneur.

Trois jours et trois nuits se passèrent ainsi à le louer, à le bénir.

Le préfet ne doutait pas au contraire que jusqu'aux derniers restes de ses victimes n'eussent été dévorés par tant de bêtes affamées : il y envoya voir. Quelle ne fut pas la surprise des satellites, lorsqu'en approchant de la prison, il leur sembla entendre des chants. Ils prêtèrent l'oreille, ils ne se trompaient pas, les chrétiens chantaient.

N'osant pas ouvrir les portes ils montèrent sur les toits et par une ouverture, ils virent les serviteurs de Dieu tranquillement assis et un ange sous une forme visible qui se tenait devant eux pour les protéger. En toute hâte ils vinrent raconter à Fortunatien ce qu'ils avaient vu.

Il y avait dans la ville des gens qui faisaient métier de dompter toutes sortes de bêtes, espèce de gens ordinairement d'une réputation plus qu'équivoque. Avec le temps, par je ne sais quels prestiges, ils pouvaient s'en faire habituellement respecter et obéir, tandis que pour les autres elles n'en restaient pas moins redoutables; aussi les traitait-on d'enchanteurs.

Toutes les bêtes notamment renfermées dans la prison avaient subi leur influence. Le lendemain dès la pointe du jour, le préfet impatient de voir comment cela finirait, leur ordonna d'aller les reprendre. En même temps, il donna des ordres pour qu'on lui amenât les martyrs.

Dans sa pensée il aurait voulu peut-être les confondre avec ces misérables cornacs. La confusion ne fut pas longtemps possible; ces bêtes d'une manière merveilleuse venaient dans les chrétiens de respecter des hommes qu'elles voyaient pour la première fois. A peine au contraire les portes de la prison furent-elles ouvertes, que méconnaissant les voix auxquelles elles étaient accoutumées de se soumettre, elles se précipitèrent toutes ensemble comme des furieuses; quiconque se trouva sur leur passage fut égorgé, ou atteint de blessures mortelles; et dans leur course impétueuse, elles ne s'arrêtèrent qu'au plus profond des solitudes dont elles avaient été tirées.

Chassez le naturel, il revient au plus vite : crainte servile, basse flatterie, alliance fondée sur le vice compriment la passion, la détournent; c'est l'affaire du moment.

Quelque jour elle éclate, l'instinct cruel se réveille, l'esclave tue son maître; le loup mal apprivoisé le mange. Il n'y a de bête sauvage bien soumise qu'au nom du souverain Créateur; il n'y a de passion bien domptée qu'à l'aide de la grâce divine.

Le sort de ses enchanteurs aurait dû enseigner cette morale à Fortunatien; il était trop aveugle pour rien apprendre, mais se voyant impuissant à faire souffrir aux saints athlètes de Jésus-Christ le cruel supplice qu'il leur avait destiné, tout au moins voulut-il s'en débarrasser : il leur fit trancher la tête. Pendant leur exécution, les martyrs se reprirent à chanter : « Seigneur, disaient-ils, vous nous avez délivrés de ceux qui nous persécutaient, vous avez confondu la haine de nos ennemis [1]. »

III.

LE MONDE CONVERTI. — BÉTES ADOUCIES

Vous voyez à quelle extrémité les maîtres du monde, les gouverneurs des provinces, les magistrats des cités étaient portés par la haine du nom chrétien. La plus terrible des persécutions cependant, n'était pas encore venue.

Désespéré du progrès que faisait malgré tous ses efforts la loi sainte du Sauveur, le démon persuada à un empereur qui jusque-là avait paru bon d'y attacher son nom. Dioclétien au commencement de son règne s'était montré plutôt favorable que contraire aux chrétiens; il

[1] Boll., 25 février.

y en avait jusque dans sa famille, sa femme, sa fille l'étaient : à l'instigation de Maximilien-Hercule qu'il avait associé à l'empire, il vint un jour où il jura d'exterminer jusqu'au dernier adorateur de Jésus-Christ.

Le malheureux, il s'en prenait à trop forte partie; il mourut misérablement détrôné, tandis que le christianisme fécondé par le sang des martyrs allait consommer son triomphe et monter bientôt sur le trône impérial en la personne de Constantin.

Les persécuteurs, en effet, qui ne se rendaient pas à la vérité évangélique, c'était bien qu'ils voulaient obstinément fermer les yeux, car le bon Dieu faisait tout ce qu'il fallait pour les éclairer.

Ananie avait été un saint enfant doux, bon, compatissant, tout occupé d'étudier la loi divine; aussi, entré à peine dans la jeunesse, avait-il été appelé par le vœu général de la chrétienté à laquelle il appartenait, aux honneurs du sacerdoce. Il en exerçait les saintes fonctions lorsque survint l'impitoyable persécution que je viens de vous annoncer.

Appelé devant le préfet de la ville qu'il habitait, il ne désavoua point son nom de chrétien, il se rit des faux dieux, et les tourments les plus cruels ne purent l'ébranler.

Témoins de son courage et des miracles opérés en sa faveur, Pierre, le geôlier de sa prison et sept des soldats préposés à sa garde s'étaient convertis. Le préfet furieux les avait tous ensemble fait jeter dans les flammes, les anges étaient venus du ciel en amortir les ardeurs.

Dans l'excès de son aveuglement, le préfet s'écria qu'il

allait faire dévorer Ananie par les bêtes féroces, se réservant de prononcer ensuite sur le sort de ses compagnons.

Il s'est assis sur les degrés de l'amphithéâtre, le peuple avide de ces horribles spectacles s'est rangé autour de lui ; le saint martyr est amené : voici un léopard, la terrible bête fait un bond ; c'est pour s'élancer aux pieds d'Ananie, la tête inclinée, elle prend un air soumis, puis se redresse sur ses pattes et le comble de caresses, comme l'eût fait le chien le plus joyeux du retour de son maître, et ce léopard devenu subitement si doux, regagna paisiblement son repaire.

Maximien, c'est ainsi que se nommait le méchant préfet, à cette vue rentra-t-il en lui-même? non. Il ordonna qu'on lâcha toutes les bêtes féroces à la fois. Elles poussèrent dans ce moment de tels rugissements que c'était à faire trembler toute l'assemblée de frayeur.

En les voyant s'élancer vers le martyr, cette fois on devait croire que c'était fini de lui; mais le bon Dieu tient en sa main aussi bien un millier d'animaux sauvages, un millier de cœurs méchants qu'il en tient un seul. Il avait ordonné à ces bêtes de respecter son serviteur et toutes s'arrêtèrent autour de lui, le regardant comme saisies elles-mêmes de stupeur. Elles baissaient la tête, elle léchaient la terre sur les pas de l'homme de Dieu et bientôt après retournaient tranquillement dans leurs cavernes.

Le préfet dans sa confusion ne voulait cependant pas abandonner la partie; il fit précipiter dans la mer Ananie et ses heureux compagnons, et mit par cette mort le dernier sceau à leur gloire [1].

S'il fallait vous dire tous les martyrs qui virent les bêtes féroces destinées à les dévorer, les aborder avec respect, les flatter du regard, se coucher à leurs pieds, je n'en finirais pas.

Saint Castus et saint Secundinus martyrisés à Cajetan dans la Campanie, virent quelque chose de mieux encore ; non-seulement leurs gardiens dans la prison se jetèrent à leurs genoux, mais tout le peuple un moment auparavant, en voyant les lions leur lécher les pieds, avait été ému d'un transport favorable [2].

En Palestine, cinq autres martyrs étaient entrés dans l'arène ; on avait voulu essayer de les confondre avec de vrais criminels. Contre eux tous un taureau furieux était lancé : déjà il avait fait voler dans les airs les membres dispersés de plusieurs condamnés infidèles ; il se précipite sur les chrétiens, puis tout à coup il s'arrête, il bat du pied, il agite ses cornes, ses naseaux fument ; on le menace, on l'aiguillonne, on imprime sur ses flancs un fer rouge, tout est inutile.

On fait venir d'autres bêtes non moins terribles, le succès est le même ; pour enlever la vie aux martyrs, il ne resta qu'un moyen, le tranchant du glaive [3].

Par de semblables exemples, Dieu voulait convertir le monde ; bientôt après en effet la croix brillait sur le front des Césars et l'empire était chrétien.

---

[1] Boll., 25 février.
[2] Id., 1er juillet.
[3] Eusèbe.

IV.

LES CORPS DES SAINTS DÉFENDUS PAR LES ANIMAUX DESTINÉS A LES DÉVORER.

Qué peuvent les méchants; que peuvent tous les démons contre le chrétien fidèle, qui ne tourne à son profit?

Le dernier terme du pouvoir des tyrans, quand le bon Dieu leur lâche la main, ne va pas plus loin que de tuer le corps; tandis que l'âme du martyr commence une vie sans fin de gloire et de bonheur, leur impuissance ne ressort jamais mieux qu'en présence du cadavre inanimé qui seul leur est resté.

Qu'ils le lacèrent, le dépècent, le consument, vains efforts d'une rage insensée; ce corps insensible aujourd'hui à leurs indignités n'en ressuscitera pas moins glorieux; sa mort à lui-même n'est qu'un sommeil; au jour du grand réveil, réuni une seconde fois à son âme, il partagera avec elle l'éternelle béatitude.

Temple du Saint-Esprit sur la terre, destiné à régner dans le ciel le corps des saints est saint lui-même; l'Église nous apprend à traiter avec un grand respect les restes mortels du moindre fidèle, elle honore d'un culte particulier les reliques des martyrs et de tous les saints qu'elle a reconnus dignes d'être élevés sur ses autels.

Ensevelir les morts est par soi-même une œuvre de miséricorde recommandée aux chrétiens, pour ainsi dire à l'égal du soin à donner aux premières nécessités des vivants.

Toutes les fois qu'un chrétien était mort en confessant sa foi, il se trouvait des frères dévoués prêts à mourir eux-mêmes plutôt que de laisser le corps du martyr privé des honneurs qui lui étaient dus; et souvent ils méritèrent ainsi de partager sa couronne.

Quelquefois de la condescendance d'un juge plus faible que méchant, de la cupidité des satellites, ils obtenaient les précieuses dépouilles qu'ils ambitionnaient. Mais il arrivait souvent au contraire aux persécuteurs d'épuiser toutes les ressources de leur esprit pour enlever cette consolation aux fidèles.

Les moyens calculés par eux atteignaient-ils leur effet naturel, leur impuissance n'en demeurait pas moins flagrante.

Veut-on priver un corps de la sépulture, il n'y a rien qui lui soit réputé plus ignominieux que le jeter à la voirie comme un animal immonde pour être dévoré par les vautours, les corbeaux et les chiens.

Infligée aux criminels et aux impies, cette ignominie les atteint, on peut le dire véritablement, dans ce sens qu'elle exprime la réalité de leur misérable sort; lorsque Jésabel le subit, ce fut comme le dernier signe de la malédiction divine.

Les corps des saints au contraire sont-ils traités de la même manière : par rapport à eux, qu'est-ce que cela peut signifier, sinon qu'ils ont triomphé de tout ce qui passe, de tout ce qui est, même dans leur propre corps, sujet à souffrir et à se corrompre.

Le bon Dieu, on le comprend donc, a bien pu permettre à ses ennemis d'avoir sur ses martyrs aussi dans ce genre un succès illusoire , mais on comprend également que pour honorer des corps destinés à régner dans la gloire et satisfaire la piété des fidèles , il ne l'ait pas toujours permis.

Dans les Actes des martyrs , il n'est pas rare de voir tous les éléments, toutes les créatures, refuser leur concours à un acte de destruction aussi impie dans l'intention des tyrans qu'il était de leur part inutile et insensé.

L'on vit les animaux par nature les plus voraces, non contents de respecter les restes des amis de leur Dieu, aller jusqu'à les défendre contre les autres bêtes laissées à toute la grossièreté de leurs instincts.

On rapporte que les corps de sainte Prisque, de saint Florian le furent par des aigles; celui de sainte Pélagie par quatre lions; ceux de saint Alban et de ses compagnons , en même temps par un loup et un aigle, celui de saint Tatien par des chiens de bergers.

Le corps de saint Lucien jeté au fond de la mer, aurait été, dit-on, retiré par un dauphin.

Tous les Actes dont ces faits sont tirés n'ont pas une égale authenticité, mais que ce genre de merveilles se soit fréquemment renouvelé dans les premiers siècles de l'Église, il n'est pas raisonnablement permis d'en douter.

Les Actes de saint Vincent dont je vais en extraire un exemple éminemment remarquable sont de ceux auxquels on peut avoir pleine confiance au dire des critiques les plus sévères.

V.

LE CORPS DE SAINT VINCENT GARDÉ PAR UN CORBEAU.

Né à Sarragosse, d'autres disent à Uesca, aussi en Espagne, vers la fin du IIIe siècle, d'une famille consulaire, Vincent avait été ordonné diacre par Valère, évêque de la première de ces deux villes.

L'Espagne avait alors pour proconsul ou gouverneur Datien, un cruel ennemi des chrétiens. Sans attendre les édits qui donnèrent le signal de la grande persécution de Dioclétien, il fit arrêter l'évêque et son saint diacre, et après leur avoir fait subir de premières tortures, il les envoya prisonniers à Valence.

Lorsqu'il jugea qu'épuisés par la faim, la soif, le poids des chaînes, toutes les rigueurs d'une longue captivité, ils seraient hors d'état de lui résister, Datien les fit venir devant lui. Quelle ne fut pas sa surprise de les retrouver aussi forts et vigoureux qu'ils l'avaient jamais été. Il accusa vivement les gardes d'avoir mal exécuté ses ordres, et se retournant vers les serviteurs de Dieu, il essaya tour à tour de les gagner par des promesses ou de les intimider par des menaces.

Saint Valère s'exprimait difficilement, saint Vincent chargé de prendre la parole le fit avec autant de résolution que d'éloquence, et tandis que son évêque était condamné à l'exil où il termina saintement ses jours, le saint diacre attirait sur lui toutes les fureurs de l'impie proconsul.

Etendu sur le chevalet le front calme, le sourire sur

les lèvres, on l'eût dit insensible aux plus horribles tourments ; à entendre son ton accusateur, on l'eût pris pour le juge.

Datien, au contraire, sur son tribunal, grinçant des dents, l'œil en feu, la parole brève et entrecoupée semblait le supplicié. Dans l'excès de sa rage, il reprocha aux bourreaux d'agir trop mollement et les fit battre de verges. Excités par la crainte de nouveaux châtiments, ils redoublèrent de cruauté. Le martyr, quoiqu'ils pussent faire, les lassait tous. Le proconsul lassé à son tour, essaya aussi vainement de recourir aux voies de la douceur : si les vases sacrés dont Vincent avait le dépôt lui avaient été livrés, il se serait contenté de cette apparente soumission.

Bientôt il en revint aux menaces, imagina de nouveaux supplices : Vincent fut étendu sur un lit de fer hérissé de pointes aiguës ; brûlé à petit feu ; du sel fut jeté sur ses plaies, la graisse de son corps coulait à grosses gouttes et alimentait les flammes ; plus il avait à souffrir, plus il avait l'air gai et souriant, plus le proconsul enrageait.

« Nous sommes vaincus ! » On entendit ces mots d'une voix étouffée s'échapper de sa bouche. « Il ne nous reste qu'une ressource, c'est de le vaincre par le prolongement de la douleur. »

Par ses ordres, de tous les cachots le plus obscur fut choisi, il fut jonché de fragments aigus de pots cassés ; le martyr y fut violemment étendu, les membres liés avec des cordes, sans pouvoir faire le moindre mouvement qui ne dût rendre plus poignante la cuisson de ses chairs lacérées. Dans cet affreux réduit il fut laissé seul. On le croyait sans secours ni consolation.

On le croyait... mais à peine les portes étaient-elles fermées, que le cachot se remplit d'une lumière soudaine, les liens du martyr se brisèrent, les fragments de poteries, aux pointes acérées, se changèrent en un lit de fleurs les plus brillantes et les plus douces, puis les anges lui apparurent et ils se mirent à chanter tous ensemble de joyeux cantiques.

Accourus au bruit de ces chants, et témoins de cet admirable spectacle, les gardes se convertirent. Les portes de la prison ouvertes aux chrétiens de la ville, les virent accourir en foule autour du héros de leur foi.

Datien ignorait encore ce qui s'était passé, saint Vincent voulut qu'on l'avertît. A cette nouvelle on vit pâlir le féroce proconsul. « Nous sommes vaincus, » répéta-t-il tremblant de confusion et de rage.

Puis il reprit : « Que ferons-nous ?... qu'on le couche sur un lit moelleux, et quand ses blessures commenceront à se cicatriser, nous inventerons quelque autre moyen de le tourmenter. »

Cet infernal calcul fut encore déjoué : à peine le martyr était-il étendu sur le lit destiné à lui donner un soulagement momentané qu'au milieu de ses frères, il s'endormit doucement dans le Seigneur.

Tout n'était pas fini, cependant, vous vous y attendiez ; Datien aurait pu frémir de voir sa proie enfin lui échapper, mais il avait trop appris à connaître son adversaire ; de nouveaux combats avec le martyr vivant lui présageaient de nouvelles défaites, le lâche crut que vis-à-

vis d'un corps sans vie, désormais hors d'état de se défendre, il se donnerait plus facilement les apparences
de la victoire.

« Je le ferai manger, dit-il, par les oiseaux du ciel,
par les bêtes de la terre, il sera privé de la sépulture,
il ne restera rien de son cadavre que les chrétiens puissent recueillir. Comment après cette fin ignoble ose-
raient-ils ensuite l'élever à la dignité de l'un de leurs
martyrs? »

Le saint corps fut jeté dans un champ ouvert, et les
mesures si bien prises pour empêcher les chrétiens d'en
approcher, que toutes leurs tentatives échouèrent.

Plus l'instrument est faible et plus ressort la supériorité de celui qui s'en sert pour faire de grandes choses.
Dans d'autres circonstances analogues, le bon Dieu, je
vous l'ai dit, proposa à la garde des restes de ses martyrs, les plus nobles des animaux, des aigles, des lions.
Que pouvait-il faire de plus? confier cette mission à un
animal naturellement plus hors d'état de la remplir, et
la couronner d'un non moindre succès.

Cette fois ce fut un corbeau qui, par un double miracle devint le gardien du corps dont il eût été si avide
d'arracher quelques lambeaux.

On vit cet animal, comparativement aux grands oiseaux de proie, si lâche et si faible, avec autant d'acti-
vité que d'énergie les écarter tous d'un vigoureux coup
d'aile, et faire respecter sa consigne.

Un grand loup accourut à son tour, il n'avait pas reçu
le mot d'ordre, et tout corps tombant sous sa griffe lui
semblait bon à satisfaire sa voracité. « Il ne sera pas pour

toi, celui-ci, glouton, » lui eût crié l'intrépide corbeau s'il avait pu parler et se faire entendre ; « ce corps est celui d'un ami de notre souverain Maître, destiné à recevoir un culte glorieux, il n'est permis à aucune bête que ce soit d'y mettre la dent. »

A sa manière on peut dire que tel fut le langage du corbeau, il se précipita avec rapidité au-devant du loup qui s'arrêta étonné d'un courage si nouveau.

Les yeux fixés sur le corps qui lui avait semblé si digne d'envie, il demeura quelque temps ébahi comme si les anges, qui indubitablement étaient là pour faire agir la sentinelle du bon Dieu, lui eussent laissé apercevoir quelque signe de leur céleste présence.

Le sentiment de Datien, en apprenant cette nouvelle, fut un sentiment d'effroi. Le malheureux cependant ne voulut pas se rendre, il fit enfermer dans un sac le corps sacré comme on faisait de celui des parricides ; une meule de moulin y fut attachée et on le précipita dans la mer.

Soutenu par la puissance divine, le corps du martyr n'en surnagea pas moins à la surface des eaux ; recueilli enfin par de pieux fidèles, il a continué sur nos autels d'être honoré d'âge en âge.

On a coutume d'entourer les images des martyrs des instruments de leur supplice, ce sont autant de trophées qui par leur diversité servent à les faire reconnaître. A côté de saint Vincent c'est la meule de moulin et le corbeau qui sont appelés à l'honneur de figurer, pour rappeler la dernière victoire remportée, même après sa mort, sur son impie persécuteur.

5ᵉ BOUQUET.

TEMPS DES PÈRES DU DÉSERT.

I.

LE CORBEAU ET LES LIONS DE SAINT PAUL, ERMITE.

Détournons nos regards des spectacles sanglants. La paix est rendue à l'église : ce sera maintenant des images de paix que je mettrai sous vos yeux.

L'Église ne sera point privée de la gloire d'enfanter des martyrs. Il restera toujours dans le monde assez de méchants pour persécuter les bons ; quand ils seront assez forts, ils ne manqueront pas de les faire mourir. Il y aura de saints missionnaires qui iront dans des contrées lointaines, au péril de leur vie, porter la lumière du salut à des peuples barbares et sauvages ; mais dans les temps ordinaires, le chrétien, désormais, sera beaucoup plus exposé à se laisser amollir par de trompeuses jouissances, qu'à succomber sous la violence des tortures.

Les persécutions étaient au plus fort de leurs rigueurs, lorsqu'un jeune homme de la Haute-Égypte, appelée aussi Thébaïde, du nom de Thèbes, sa capitale, s'enfuit dans les profondeurs du désert. Paul, c'était son nom, avait eu surtout la pensée de se soustraire au danger de renier son Dieu. Mais, en prévision des dangers non moins grands pour beaucoup de fidèles d'une prochaine prospérité, le bon Dieu, qui l'avait conduit, s'était encore plus proposé d'en faire un modèle de pénitence et de renoncement: il fut le premier des anachorètes.

Vous n'avez pas d'idée d'un désert comme ceux de la Thébaïde. Vous avez souvent entendu parler de l'Égypte; vous savez que Joseph y fut emmené prisonnier, que son père et ses frères y vinrent chercher l'abondance; que leurs descendants, persécutés par de nouveaux Pharaons, en furent emmenés par Moïse; vous savez que le petit Jésus, après sa naissance, alla s'y refugier, pour se soustraire à la persécution d'Hérode; vous savez que ce pays est arrosé, dans toute sa longueur, par un grand fleuve appelé le Nil, auquel il doit toute sa richesse.

Tous les ans ce fleuve déborde, et quand les eaux se retirent, elles laissent sur la terre un précieux limon et leur communiquent une fécondité inimaginable. C'est ce qui se passe dans l'immense vallée qui s'étend sur les bords du fleuve; mais montez plus haut, là où ses eaux ne peuvent atteindre, vous rencontrez, au contraire, la plus désolante stérilité.

Figurez-vous des plaines ou plutôt des mers de sable, que le vent agite en épais tourbillons, qui renversent, qui aveuglent; ou, dans le calme de l'air, les reflets d'un soleil brûlant qui vous consume. Vous jetez les yeux de toute part, aussi loin que la vue peut atteindre, vous ne voyez souvent pas un arbre dont l'ombre vous puisse protéger, pas une herbe verte où l'œil se puisse reposer, pas un filet d'eau pour étancher votre soif.

Avoir seulement à traverser ces régions désolées, c'est toujours un danger, souvent un supplice.

Apercevez-vous, au milieu du désert, quelques broussailles, quelques palmiers qui, sous la protection d'un groupe de rochers, ont pu résister à l'âpreté du vent, à l'ardeur du soleil, à l'envahissement des sables, et songez-vous à y chercher un abri, il faut vous préparer à le disputer aux bêtes féroces.

En guerre avec l'homme, elles fuient les lieux où il a établi sa demeure, le désert devient leur domaine ; elles y attendent l'entrée de la nuit, et, quand le bouvier se repose, quand le pâtre, qui doit veiller, sent s'appesantir sa paupière, la lionne, d'une course rapide, franchit ces immenses solitudes, tombe à l'improviste sur le troupeau, et avant que l'éveil soit donné, en bonds répétés, elle a déjà presque regagné le repaire éloigné où avidement l'attendent ses petits.

C'est là cependant qu'était allé saint Paul, de désert en désert ; sans se laisser effrayer par les bêtes féroces qu'il rencontra sur son chemin, il s'était enfoncé si loin de toute habitation humaine, que personne, depuis bien longtemps, ne soupçonnait plus son existence ; que personne, l'eût-il connue, n'eût songé à aller le chercher en de tels lieux.

Il y avait trouvé une grande caverne, qui, autrefois, avait servi de refuge et d'atelier à de faux monnayeurs, comme l'attestaient des débris de leurs instruments. Dans la caverne, il y avait une source d'eau vive ; à son entrée, un gros palmier ; l'eau de la source, les fruits du palmier avaient, pendant trente ans, suffi à sa frugale subsistance.

Ensuite le bon Dieu, comme au prophète Élie, lui avait envoyé un corbeau qui, tous les jours, lui apportait la moitié d'un pain ; il était ainsi arrivé à l'âge de cent treize ans.

Dans le même temps, en une autre partie du désert, vivait saint Antoine. N'étant encore âgé que de vingt ans, entré dans une église, il y avait entendu répéter ces paroles de Notre-Seigneur Jésus-Christ : « *Si vous voulez* » *être parfait, vendez tout ce que vous avez, donnez-le* » *aux pauvres et vous aurez un trésor dans le ciel.* » Il les avait prises à la lettre, s'était dépouillé de tout en faveur des pauvres et était allé vivre d'abord dans une solitude peu éloignée de la ville , puis ensuite au milieu même du désert.

Le bon Dieu cependant qui voulait lui donner beaucoup d'imitateurs, avait fait en sorte que sa présence y fût connue, et les disciples étaient venus par milliers se ranger sous sa discipline ; les empereurs le traitaient avec respect ; il était la terreur des hérétiques, et le grand saint Athanase, patriarche d'Alexandrie, lui avait envoyé un manteau pour lui faire honneur.

Saint Antoine avait été assailli des plus horribles tentations ; le démon avait pris tous les moyens imaginables pour le faire succomber et n'avait pu y réussir. Un jour, le saint solitaire eut une tentation d'un autre genre ; il lui vint à la pensée de se demander s'il y avait homme au monde qui menât une vie aussi parfaite que la sienne ?

On n'est pas maître de ses pensées, mais quand elles sont mauvaises, on est libre, avec la grâce du bon Dieu, de ne pas y consentir. La grâce du bon Dieu est souvent toute intérieure, elle se manifesta cette fois d'une manière sensible. Dieu fit connaître dans un songe à saint

Antoine, que dans un désert bien plus écarté que le sien, il y avait un solitaire plus ancien et plus saint que lui.

Saint Antoine avait alors quatre-vingt-dix ans ; malgré son grand âge, dès la pointe jour, il se mit en chemin pour aller à la recherche de l'homme vénérable dont l'existence venait de lui être révélée.

Sur son chemin, il rencontra d'abord d'horribles bêtes, mais ce n'était que de vains fantômes des démons, incapables de nuire à celui qui met sa confiance dans le bon Dieu, et, sans se laisser arrêter par aucun obstacle, en trois jours il arriva jusqu'au pied d'une montagne où, sur les bords d'un petit ruisseau, apparaissait quelque verdure. Une louve s'en approchait pour se désaltérer ou chercher la fraîcheur. Il la suivit, et arrivé à l'entrée d'une caverne, il y entra malgré l'obscurité, et dans un enfoncement aperçut une faible lumière, c'était le réduit habité par saint Paul.

Le saint vieillard entendant marcher en avait fermé la porte ; saint Antoine se prosterna sur le seuil et le supplia de lui ouvrir ; saint Paul ouvrit, ils s'embrassèrent, se désignèrent par leur nom comme de vieux amis qui se seraient reconnus.

Saint Paul s'enquit de ce qui s'était passé dans le monde depuis près d'un siècle qu'il l'avait quitté, du progrès surtout de la loi du bon Dieu ; il se réjouit en apprenant que les empereurs étaient devenus chrétiens, il gémit en entendant parler des hérésies qui désolaient l'Église.

Tandis qu'ils s'entretenaient amicalement, vint l'heure

du repas, et ils virent arriver le corbeau qui tenait dans son bec un pain tout entier.

Admirez la bonté de Dieu, s'écria saint Paul, il y a soixante ans que je reçois chaque jour par cette voie la moitié d'un pain, mais aujourd'hui Jésus-Christ pour l'amour de vous a doublé la portion.

Ils rendirent grâce au bon Dieu, et après la prière ils s'assirent pour manger. Le repas terminé, saint Paul annonça à son hôte qu'il allait mourir et le pria d'aller chercher le manteau de saint Athanase pour lui en faire un linceul. Saint Antoine fort surpris à cette demande, car il n'avait point parlé du manteau que lui avait donné le saint patriarche, y crut reconnaître la volonté de Dieu. Il arrosa de ses larmes les mains du saint vieillard et partit en toute hâte.

En deux jours il revint épuisé à son monastère : « Malheur à moi, » répondit-il à deux de ses disciples qui s'enquéraient du motif de son absence : « Malheur à moi, pécheur, qui suis indigne de porter le nom de solitaire, j'ai vu Élie, j'ai vu Jean dans le désert, j'ai vu Paul dans le paradis, » et il repartit incontinent emportant le manteau.

A peine avait-il marché pendant trois heures qu'il vit au milieu des anges, des prophètes et des apôtres, saint Paul qui montait au ciel.

Arrivé à la caverne, il trouva le corps du saint encore à genoux, la tête levée et les mains étendues vers le ciel comme s'il eût été vivant, mais il ne l'était plus. Saint Antoine l'inonda de larmes et se mit en devoir de l'envelopper du précieux manteau.

Il était cependant fort en peine de savoir comment il creuserait la terre pour l'ensevelir, lorsqu'il aperçut deux lions qui accouraient du fond du désert; sa première impression fut d'avoir peur, mais sa confiance en Dieu le rassura.

Les lions vinrent droit au corps du saint anachorète, se prosternèrent et rugirent d'un ton plaintif; puis ils se mirent à creuser la terre avec leurs ongles. Lorsque la fosse eut atteint une suffisante profondeur, ils se rapprochèrent de saint Antoine, se couchèrent à ses pieds, le caressèrent et semblaient lui demander quelque chose.

Saint Antoine leva les yeux et dit : « Seigneur, donnez à ces animaux ce qui leur convient », puis il fit un signe de la main et les congédia.

Satisfaits de cette bénédiction, les deux lions prirent leur course et disparurent au milieu du désert.

Le corps enseveli, saint Antoine emporta une tunique de feuilles de palmier que saint Paul s'était à lui-même tressée, et les jours de grandes fêtes pendant le reste de sa vie, il s'en revêtait comme il l'eût fait de l'habit le plus magnifique. Et jamais il ne perdit le souvenir de cet admirable vieillard jusqu'à l'âge de cent cinq ans qu'il vécut lui-même.

Ne semblerait-il pas que ces saints anachorètes, en fuyant dans ces déserts désolés, se condamnent à la mort, à la mort par la faim, à la mort sous la dent des bêtes féroces; à une mort plus dure, s'il est possible, aux yeux du monde, par la privation de toutes les jouissances de la vie? Mais non! En tout ce que l'on fait pour le bon Dieu l'on ne peut manquer de trouver la vie !

Je croirais qu'il a voulu l'attester en faisant vivre si longtemps les pères du désert, en mettant à leurs ordres pendant la vie, à leur service après la mort, les bêtes qui naturellement auraient dû les faire mourir [1].

II.

LES CRODODILES AU SERVICE DE SAINT PACOME.

Les nombreux disciples de saint Antoine vivaient sous l'autorité d'un même supérieur, mais isolés chacun dans leurs cellules; c'est ce qu'on appelle la vie érémitique. Vint un autre grand serviteur de Dieu, saint Pacôme, qui organisa la vie cénobitique, c'est-à-dire la vie des moines en commun.

Né également dans la Thébaïde, il avait, encore payen, été enrôlé dans les armées de l'empereur Constantin. A peine connut-il la religion chrétienne qu'il voulut l'embrasser, et à peine l'eut-il embrassée qu'il voulut devenir un saint et il le devint en effet.

Il fit de grands progrès dans la vertu sous la conduite d'un saint abbé nommé Palémon, et bientôt il l'atteignit, s'il ne le surpassa, par la rigueur de ses austérités et la ferveur de ses prières.

Pour montrer combien il lui était devenu cher, le bon Dieu lui avait si bien rendu l'empire sur les animaux, qu'il marchait sur les serpents sans en avoir rien à craindre, et qu'il obligeait les crocodiles à le servir.

[1] Saint Jérôme; Boll., Croiset.

Parmi les hôtes les plus redoutés que le Nil nourrisse sur ses bords, le crocodile est trop justement célèbre. Grâce à sa nature amphibie, il trouve dans les eaux un refuge assuré, et il peut en sortir pour aller saisir sa proie; malheur à l'imprévoyant agneau, malheur à l'enfant qui désobéissant à sa mère s'aventure trop près des roseaux où il se tient caché; gare souvent même à l'homme vigoureux pris à l'improviste : le monstre s'élance, et de sa grande gueule, de sa longue rangée de dents aiguës, dans un instant il les a coupés en deux.

Vous avez entendu parler du dragon, cet animal dont le souvenir est resté comme le type de la puissance du mal; or le crocodile semble un espèce de dragon sans aile. L'on conçoit que le lion, sa cruauté adoucie, puisse se prêter à quelque chose d'utile, cela va au caractère généreux qu'on lui prête. Le loup est une sorte de chien sauvage, et l'on conçoit qu'en modifiant ses instincts il puisse ressembler à ce fidèle compagnon de l'homme; mais le crocodile, cette bête hideuse, qu'elle soit réduite à l'impuissance de nuire, ne semble-t-il pas que c'est tout ce qu'on peut en désirer de mieux ?

Le crocodile, comme tous les autres animaux qui vivent sous le ciel, est soumis au bon Dieu; il servait à saint Pacôme de monture pour traverser le Nil; le saint solitaire avait-il à passer d'une rive à l'autre où l'appelait sa charitable sollicitude, un crocodile se présentait, et il montait sur son dos comme il l'eût fait sur le cheval le mieux dressé.

Eût-il eu à ses ordres toutes les puissances de la nature, ce n'est pas une récompense suffisante pour l'ambition d'un saint. Il lui faut posséder le bon Dieu dans le ciel. Quand le moment en fut venu, plein de joie et de confiance en Jésus-Christ et en l'intercession de la très-sainte Vierge, l'an 348 il fut appelé à aller jouir pour jamais de ce suprême bonheur [1].

III.

LE BON ANACHORÈTE, LE SAGE ABBÉ, LE SERPENT PRISONNIER ET LES ENFANTS FOUETTÉS.

Né en Acquitaine, aux environs de Toulouse, dans la seconde moitié du IVe siècle, Sulpice Sévère fut un des premiers écrivains de son temps, et ce qui vaut mieux encore, un ami intime de saint Paulin de Nole ; il mérita lui-même par ses vertus d'être honoré comme un saint par beaucoup d'églises de France.

Riche, noble, entouré d'amis puissants, il avait joui largement des biens de ce monde ; la mort de sa femme était venue l'en détacher ; il était allé à Tours visiter saint Martin, était devenu son disciple ; tous les ans il allait passer quelques mois près de lui, et après la mort du saint archevêque il vécut plusieurs années près de son tombeau et il écrivit sa vie

Pour les mettre en regard des vertus et des miracles de ce grand serviteur de Dieu, il a consacré un de ses livres à décrire les merveilles analogues dont en Orient les pères du désert donnaient le spectacle.

[1] Croiset.

Il fait intervenir un autre disciple de saint Martin nommé Posthunien, et dans sa bouche, il met le récit des faits dont lui-même il paraît avoir été le témoin ou avoir recueilli le témoignage sur les lieux.

Un bon solitaire, rapporte-t-il, s'était retiré à l'écart de ses frères et avec la permission de son supérieur, menait la vie d'anachorète à dix milles environ du monastère où l'auteur du récit venait de recevoir l'hospitalité. Le père abbé jugea à propos, pour subvenir à ses besoins, de lui envoyer un pain. Deux enfants, l'un de quinze ans, l'autre de douze furent chargés de le lui porter.

Donner la commission à un seul, c'eût été trop l'exposer au milieu des sables brûlants où, s'ils ne devaient faire aucune mauvaise rencontre, un enfant ordinaire se serait facilement laissé effrayer par la seule crainte d'en faire.

Ces enfants heureusement étaient à une école où ils avaient appris qu'au service du bon Dieu on n'a jamais rien à craindre.

S'ils rencontraient un lion, un tigre, un serpent que feraient-ils ? Au lion, nous lui dirons d'être doux ; au tigre, nous lui commanderons de nous suivre ; le serpent nous le prendrons avec les mains, pouvaient-ils se dire le long du chemin ; s'ils ne le dirent pas ils le firent.

Comme ils revenaient, leur mission remplie, un serpent venimeux, de grosseur effrayante, se présenta devant eux ; au lieu d'en avoir peur, ils le laissèrent venir ; le monstre étalait au soleil le brillant azur de ses écailles, dressait fièrement la tête ; en approchant il l'abaissa comme s'il eût été sous l'empire d'un charme inconnu.

Sans difficulté, le plus jeune des enfants le saisit par le cou, l'enveloppa dans son manteau et l'emporta.

Vous seriez peu tentés de l'imiter assurément. Si toutefois jamais semblable envie vous prenait, vous verrez tout à l'heure par la punition infligée à cet enfant comment mériterait d'être traitée votre imprudence; mais il le fit avec simplicité, et ce fut sa simplicité qui fut d'abord récompensée.

De retour au monastère, il ouvrit son manteau tout triomphant; qui ne l'eût été à sa place? Et comme un vainqueur montre ses trophées, il exposa aux regards des moines étonnés la bête qu'il tenait prisonnière.

Et les frères de se récrier, de se pâmer d'admiration! C'était à qui vanterait le mieux les vertus précoces, la foi de leurs jeunes compagnons.

Le père abbé, homme de grande expérience, ne partageait pas tout cet enthousiasme, il visait plus haut.

« Quel malheur » se dit-il, « si ces enfants allaient s'enorgueillir ! »

Il les fit fouetter !

« Vous ne deviez pas, » leur dit-il sévèrement « faire parade de la merveille que le bon Dieu a opérée par vos mains. Ce n'est pas là l'œuvre de votre foi, c'est l'œuvre de la puissance divine. Apprenez à servir Dieu, avec humilité et non pas à rien faire de prodigieux dont vous puissiez vous figurer avoir le mérite. Il vaut mille fois mieux avoir la conscience de ses faiblesses que de tirer vanité de ses vertus. »

En vérité les avis du sage abbé étaient plus propres à faire des saints que tous les miracles du monde; l'avantage de les recevoir valait bien les quelques coups de verges dont ils étaient assaisonnés.

Qui aime bien, châtie bien ! C'était la pensée de l'abbé. Beaucoup de ses moines cependant le trouvèrent peut-être trop sévère, tout au moins durent-ils être émus de compassion. Mais le plus touché de tous fut le bon anachorète qui avait été l'occasion de tout cela. Quand il sut d'abord le danger que les enfants avait couru par la rencontre du serpent et comment ensuite ils avaient été fouettés, il supplia le père abbé de ne plus désormais rien lui envoyer ni pain, ni aucune autre nourriture, affirmant qu'il saurait bien s'en passer.

Huit jours s'étaient écoulés ; l'abbé comme un père prévoyant était cependant inquiet de son disciple. Comment, se demandait-il, aura-t-il pu vivre? Il partit pour aller le visiter.

Du plus loin que l'anachorète aperçut son vénérable abbé, il courut joyeusement à sa rencontre. Comme ils s'avançaient ensuite ensemble vers la cellule, ils aperçurent à la porte une corbeille de feuilles de palmiers qui venait d'y être suspendue ; en même temps ils sentirent l'appétissante odeur du pain nouvellement sorti du four ; la corbeille en effet était pleine de pains tout chauds.

Tous les deux à cette vue, ils furent saisis d'admiration et encore plus de reconnaissance pour le céleste auteur de ce présent.

Puis il s'éleva entre eux une de ces querelles fréquentes entre les saints ; l'abbé attribua le don à la vertu de l'anachorète, l'anachorète à la vertu de son abbé. Ils s'assirent néanmoins de bon accord, rompirent et mangèrent avec action de grâces ce pain venu du ciel.

L'abbé de retour bientôt après à son monastère, raconta ce qui venait de se passer, et le cœur de tous les frères fut enflammé d'une nouvelle ardeur pour se perfectionner dans toutes les vertus du saint état qu'ils avaient embrassé.

IV.

LA LOUVE REPENTANTE.

Un autre anachorète, raconte le même auteur, vivait dans une cellule si petite qu'il aurait été impossible d'y loger personne d'autre avec lui. On rapportait de ce saint homme, qu'il ne prenait jamais son modeste repas qu'une louve ne fût fidèle à s'y trouver ; elle attendait patiemment à la porte et le repas fini, jamais il ne manquait d'y avoir pour elle quelque reste de pain. En signe de reconnaissance, elle léchait les mains de son bienfaiteur et s'en allait paisiblement.

Le solitaire, un jour, avait été reconduire un des frères qui était venu le visiter. Comme il tardait à revenir, la louve vers le soir n'avait pas laissé passer l'heure ordinaire du repas. En l'absence du maître, ennuyée d'attendre, elle gratte à la porte de la cellule, elle y entre : une corbeille de feuilles de palmier y paraît suspendue, la louve flaire, regarde, aperçoit cinq pains ! la scélérate en saisit un et s'en va la panse pleine, mais aussi la conscience chargée.

Le bon ermite à son retour vit la corbeille renversée et un pain de moins. Il ne s'y méprit pas, il jugea aussitôt quelle était la coupable. Quelques miettes de pain laissées à la porte indiquaient assez d'ailleurs où et comment s'était accompli le délit.

Coquine ! je saurai bien te corriger, ce fut dans le premier moment ce qu'il dit indubitablement, mais les jours suivants la louve était si honteuse de sa faute qu'elle n'osait reparaître et le solitaire ne trouvait pas que la perte d'un pain fût comparable à l'éloignement de son amie : puis il lui eût semblé si doux de pardonner !...

Au fond du cœur il appelait sa louve, et je ne jurerais pas que cet homme, après s'être privé de toutes les consolations du monde pour servir le bon Dieu, ne lui demandât pas dans ses prières de lui rendre celle-là.

Enfin le septième jour, la coupable à l'heure ordinaire reparut, mais de loin, l'oreille basse, les yeux baissés ; on voyait qu'elle demandait pardon.

Le lui accorder plein et entier, c'était le plus grand désir de son saint ami, il lui dit d'approcher, et le lui dit d'un ton plein de compassion et de bienveillance.

C'est ainsi que les ministres du bon Dieu accueillent les pécheurs, et les plus grands pécheurs plus que les autres.

La louve s'approcha avec un mélange de timidité, de tristesse et de contentement. Pour achever de la rassurer, le bon solitaire lui passa doucement la main sur la tête.

« Tiens, ma pauvre bête » lui dit-il, en lui offrant une double ration de pain.

Alors seulement les derniers nuages de chagrin se dissipèrent sur la physionomie de l'animal repentant, la

louve reprit son attitude accoutumée et continua de réjouir par sa présence les courts instants que le serviteur
de Dieu consacrait au délassement de son esprit et à la
réparation de son corps.

« Voyez je vous prie, ajoute le pieux et illustre auteur
de ce récit, voyez en cela ce que peut Jésus-Christ; par
lui tout ce qu'il y a de plus animal acquière le sentiment, par lui les cœurs les plus durs s'adoucissent. Une
louve est officieuse, a la conscience de sa faute, une
louve ressent de la confusion : on l'appelle, elle vient,
elle tend la tête, elle comprend qu'elle est pardonnée
comme elle avait compris qu'elle avait mal fait. »

« Ce sont là vos œuvres, ô doux Jésus, ce sont là vos
merveilles, ô mon Dieu! Tout ce que vos serviteurs font
en votre nom, n'est-ce pas vous qui le faites? »

« Les bêtes, sous l'impression de votre divine majesté, font ce que les hommes devraient faire et ne font
pas, et c'est là le sujet de notre douleur. »

Sulpice Sévère termine en affirmant qu'il n'invente
rien, qu'il n'emprunte rien à des auteurs d'une autorité
équivoque; il a tout appris de témoins dignes de foi, et
pour ôter le droit de douter en particulier, comme trop
merveilleux et trop exceptionnel, du fait qu'il vient de
raconter, il annonce qu'il va le faire suivre et le fait
suivre en effet de plusieurs autres plus merveilleux
encore.

Ainsi il raconte comment deux moines du désert de
Nitrie étant allés rendre une visite à un saint anachorète
qui à l'extrémité de celui de Memphis entre les plus parfaits était un modèle de vie fervente et retirée, le virent

à la sollicitation d'une lionne rendre la vue à toute une portée de petits lionceaux nés aveugles, et furent également témoins de la reconnaissance de l'heureuse mère.

Il raconte aussi comment un autre solitaire apprit d'un chamois ou d'un bouc sauvage, parmi beaucoup d'herbes vénéneuses, quelles étaient les plantes dont il pouvait impunément se nourrir. Mais plus la mine est riche, plus il nous est impossible d'en épuiser tout le filon. Pour suivre la pensée de Sulpice Sévère, il faut que je me hâte d'en venir aux moines d'Occident, je le ferai après vous avoir raconté seulement une histoire encore de ceux de l'Orient.

V.

LE LION DE SAINT GÉRASIME ACCEPTANT LA CHARGE
DE L'ANE.

Né en Lycie où il avait déjà embrassé la perfection monastique, saint Gérasime était passé dans la Palestine ou dans une solitude située à un mille du Jourdain environ, il était devenu abbé d'un monastère. C'était un homme simple; par excès de simplicité il avait momentanément donné dans l'hérésie d'Eutychès, qui confondait en une seule les deux natures de Notre-Seigneur Jésus-Christ. Éclairé par le saint abbé Euthyme, il avait abjuré l'erreur aussitôt qu'elle lui avait été découverte, et sous sa main paternelle un grand nombre de pieux anachorètes étaient formés à la perfection évangélique.

Comme il cheminait un jour sur les bords du Jourdain, un lion s'avança vers le saint solitaire en rugissant d'un ton plaintif; un fragment aigu de roseau lui était entré dans la patte, il s'y était formé un abcès douloureux; et le fier animal en était réduit à boiter péniblement. Il se dirigea vers le saint vieillard et semblait solliciter de lui quelque soulagement.

Le bon abbé soupçonnant ce qui était arrivé, prit la patte malade, en arracha le fragment de roseau, en fit sortir une grande quantité de pus, l'enveloppa de linge et laissa aller le lion.

L'animal reconnaissant, s'attacha à l'auteur d'une si heureuse guérison; comme un disciple affectueux il le suivait partout et ne pouvait le quitter. Le saint homme de son côté, ne pouvait se lasser d'admirer une pareille reconnaissance. Il traitait le lion de son mieux, mais il ne le pouvait pas mieux traiter que lui-même, et il ne lui donnait pour nourriture que du pain et des légumes, maigres aliments pour un homme, qu'en dire pour un lion ?

Dans le monastère il y avait un âne dont se servaient les frères pour aller chercher au Jourdain l'eau nécessaire à l'approvisionnement de la maison.

Afin d'utiliser la bonne volonté du lion, saint Gérasime lui confia le soin de garder l'âne lorsqu'on l'envoyait au pâturage; le roi du désert avait à sa manière renoncé comme les bons moines aux grandeurs du monde et il se prêtait de bonne grâce à cette humble mission. Partout où l'âne dirigeait ses pas il l'accompagnait, et ordinairement ne le perdait pas de l'œil.

Un jour cependant, soit ennui, soit curiosité, soit tentation de retrouver quelque pâture plus succulente que la cuisine du couvent, il s'éloigna pendant quelques instants fort courts.

Il ne faut souvent qu'une toute petite faute pour amener de graves conséquences; il arriva précisément que dans ce moment un conducteur de chameaux vint à passer, revenant de l'Arabie.

« Bonne fortune, se dit-il, un âne sans maître, » c'était un homme peu délicat sur les moyens de s'enrichir, il prit l'âne et l'obligea de suivre ses chameaux.

Le lion revint promptement, mais l'âne n'y était plus, il revint seul au monastère la tête basse et l'air confus.

En le voyant, le saint abbé ne douta pas qu'il n'eût mangé l'âne confié à sa garde, il l'apostropha et lui dit : « Et l'âne, où est-il? » Le lion tenait toujours les yeux baissés en silence. « Tu l'as mangé! Dieu soit béni ! l'ouvrage de l'âne, tu le feras! »

A dater de ce moment en effet, sur l'ordre de saint Gérasime, le lion prit la charge de l'âne, et c'était sur son dos que l'eau désormais était transportée.

Depuis quelque temps les choses se passaient ainsi, lorsqu'un officier des armées impériales vint au monastère demander la bénédiction du serviteur de Dieu. Il vit le lion employé à ce vil emploi, en demanda l'explication, s'apitoya sur le sort du noble animal, et donna aux moines la somme nécessaire pour acheter un autre âne, et décharger le lion d'un travail si peu digne de lui.

Notre lion avec sa grâce avait aussi recouvré la liberté d'errer à loisir pendant de longues matinées.

Sur ces entrefaites, le voleur de l'âne eut occasion

de venir au monastère apporter du blé, ignorant quels étaient les légitimes propriétaires de cet animal, il l'amenait avec ses trois chameaux.

En passant le Jourdain il aperçut le lion, eut peur, s'enfuit et abandonna tout, l'âne, les chameaux et leurs charges.

Le lion reconnut l'âne ; d'un léger coup de dent comme il avait coutume de lui en faire sentir, il le remit dans le droit chemin, fit marcher de même devant lui les chameaux, et heureux d'avoir retrouvé le dépôt qu'il avait laissé perdre, il les ramena tous à son maître, en poussant de petits rugissements en signe de joie.

Saint Gérasime reconnut alors son erreur ; le lion bien loin d'avoir mangé l'âne avait été lui-même victime d'un brigandage ; pour lui faire honneur, le saint abbé lui donna, à dater de ce moment, le nom de *Jourdain*.

Jourdain vécut encore plus de cinq ans au milieu des religieux, en paix avec tous.

Quelque temps après, saint Gérasime épuisé par les années et les mortifications, fut appelé à une meilleure vie, dans l'année 475.

Par circonstance, le lion était absent, peut-être avait-il fait quelque excursion dans le désert, il ne tarda pas à revenir.

Il cherchait partout le bon vieillard et ne le trouvait plus. Le nouvel abbé, son successeur et son disciple nommé Sabbatius Cilix, voyant les angoisses du lion, lui dit : « Jourdain, mon ami, notre bon vieux père nous a laissés orphelins, il s'est en allé trouver le bon Dieu ; mais tiens, mange cela ! »

Le lion ne voulait pas manger, il continuait de chercher de côté et d'autre d'un air inquiet. Il demandait à tous les lieux son saint bienfaiteur, et ne le pouvant trouver, il poussait de douloureux rugissements.

L'abbé Sabbatius et les autres religieux lui frappaient doucement la tête et lui répétaient : « Notre vieux père s'en est allé vers le Seigneur, il nous a quittés. »

Mais quoiqu il leur fût possible de dire ou de faire, ils ne pouvaient l'empêcher de pousser à sa manière des plaintes et des cris ; plus ils essayaient de le calmer, plus haut il rugissait ; son attitude, sa voix, l'expression de ses yeux, tout annonçait en lui une douleur inconsolable.

« Viens, essaya de lui dire encore Sabbatius, viens avec moi, tu ne veux pas nous croire, je vais te montrer où est notre vieux père, » et il le conduisit au lieu de la sépulture du saint abbé.

« C'est là que notre bon vieux père a été enseveli, » lui dit-il, et il se mit à genoux sur cette tombe vénérée.

Le lion, quand il vit le père abbé se prosterner et verser des larmes, se prosterna aussi, puis frappant avec force sa tête contre la terre, poussant des rugissements de plus en plus pénétrants, il ne quitta plus cette place qu'il ne fût mort lui-même de faim et de douleur [1].

[1] Boll., 5 mars.

6ᵉ BOUQUET.

TEMPS DES PREMIERS MOINES D'OCCIDENT.

I.

SAINT HILAIRE ET LES SERPENTS DE L'ILE-AUX-POULES.

Les patriarches, les prophètes, les apôtres, les martyrs, les solitaires, nous ont successivement offert matière à une abondante récolte des fleurs qui doivent composer nos bouquets. Il semblerait que nous devrions continuer de repasser de même en revue tous les chœurs des Saints. En suivant l'ordre des temps, ce serait maintenant le tour des saints Docteurs; vous ne voyez cependant pas leurs noms en tête de ce bouquet, en voici la raison.

Les vies des différents ordres de Saints également riches en manifestation de la grâce divine ne le sont pas de la même manière, chacun d'eux a reçu des dons particuliers en rapport avec sa mission ; les plus grands miracles des saints Docteurs, ce sont leurs admirables écrits ; les saints Solitaires, plus immédiatement en contact avec la nature, ont aussi plus souvent donné des preuves de l'empire que la sainteté fait recouvrer sur elle.

Ce n'est pas par la science, c'est par le sacrifice, par la simplicité des plus pures affections que l'on recouvre cet empire, autre puissante raison pour que nous rencontrions plus particulièrement sur notre chemin après les saints Apôtres, qui avaient tout quitté pour suivre le Sauveur, après les saints Martyrs qui lui ont donné leurs vies, les Saints qui font profession expresse de renoncer à tous les biens du monde pour lui appartenir uniquement.

Le rôle des saints Docteurs est de raconter les merveilles qui font l'objet de nos récits plutôt que de les accomplir eux-mêmes.

Nous devons les vies de saint Paul et de saint Antoine, les premiers ermites, à saint Jérôme et à saint Athanase, deux des plus grands docteurs de l'Eglise ; la plupart des traits réunis dans ce bouquet ont été recueillis par saint Grégoire le Grand, qu'elle honore du même titre.

Ce qu'ils ont fait plus rarement, il ne faut pas croire pourtant qu'ils ne l'aient jamais fait ; s'ils ne l'ont pas fait comme docteurs, ils l'ont fait par ces côtés de leurs vies qui permettent jusqu'à un certain point de les confondre avec les Saints voués par état à toute la rigueur des observances monastiques. A ces titres, nous verrons passer de temps en temps sous nos yeux quelque grand docteur, quelque saint pontife.

Je ne vous parlerai pas de saint Jérôme et du lion avec lequel il est ordinairement représenté, parce qu'on n'en rapporte rien qui ne vienne de la confusion de son nom avec celui de saint Gérasime, qui s'en rapproche beaucoup dans la langue originale ; mais voici un trait de notre grand saint Hilaire que nous devons à saint Fortunat, l'un de ses successeurs sur le siége épiscopal de Poitiers.

Né dans la ville féconde en évêques éminents dont il

devait être le plus illustre, d'une famille du plus haut rang, mais encore païenne, saint Hilaire s'éleva graduellement à la connaissance de la vérité, et à peine eut-il reçu le baptême, qu'il entra et exhorta les autres à entrer dans les voies de la perfection chrétienne.

Il fut nommé évêque vers l'an 353; l'empire avait alors le malheur d'être gouverné par Constance, indigne fils du grand Constantin. Ce prince ayant embrassé l'hérésie de l'impie Arius voulait, à son exemple, obliger de croire que Notre-Seigneur Jésus-Christ n'est pas un Dieu fait homme, mais seulement un homme supérieur aux autres.

Hilaire écrivit à l'empereur pour la défense de la foi une lettre pleine de force; pour prix de son courage, exilé en Phrygie, sa vie ne cessa pas d'être toute consacrée à combattre l'erreur. Il était la terreur des hérétiques en Orient comme en Occident : après quelques années, pour se délivrer d'un si redoutable adversaire, les ariens de l'Orient demandèrent eux-mêmes qu'il fût renvoyé dans son diocèse.

Saint Hilaire était en route pour y revenir, lorsque passant à Rome il reçut la visite de son cher disciple saint Martin.

Saint Martin lui-même avait eu beaucoup à souffrir pour la foi; obligé de quitter Milan, où il avait essayé de fonder un monastère, il s'était réfugié dans une petite île, située non loin de la ville d'Albierga, sur les bords de la mer Ligurienne, aujourd'hui le golfe de Gênes.

Presqu'entièrement inculte, ce petit coin de terre était principalement habité par une grande quantité de poules sauvages, d'où lui était venu le nom de *Gallinaire*, c'est-à-dire *l'Ile-aux-Poules*, et par des serpents en si grand nombre et si vénimeux, qu'elle était devenue un objet de terreur.

Saint Martin aurait eu dès lors assez de crédit auprès du bon Dieu pour demander et obtenir leur destruction, mais la gloire de les vaincre était réservée à l'évêque de Poitiers, comme image ce semble des victoires qu'il remportait incessamment sur les ennemis de la divinité du Sauveur.

Soit que saint Martin lui eût parlé de ce fléau, soit qu'il en fût autrement averti par les habitants du pays, saint Hilaire, quand la continuation de son voyage l'amena sur les côtes voisines, résolut de montrer qu'il n'y a pas de si méchante bête qui résiste à la croix de Jésus-Christ.

Armé de ce signe triomphateur, il descendit dans l'île et pas un serpent n'osa paraître devant lui. Il leur assigna une portion de l'île qu'ils devaient seuls continuer d'habiter, et, plantant son bâton en terre, il leur marqua cette place comme la borne qu'ils ne devaient plus franchir.

Jamais en effet depuis on n'en vit un seul sortir des étroites limites où la parole de saint Hilaire les avait cantonés; au delà, la mer la plus profonde eût été moins inabordable.

N'aurait-il pas été mieux de détruire entièrement ces vilaines bêtes ? me direz-vous; non, apparemment, puisque saint Hilaire ne le fit pas.

Toutes créatures ont le droit de vivre, vous répon-

drais-je, à prendre les choses au point de vue naturel ;
il suffit de les mettre hors d'état de nuire en les tenant
chacune à leur place.

Le bon Dieu ne se hâte pas de détruire les méchants,
dirons-nous plus justement, si nous prenons les choses
pour ce qu'elles signifient ; il leur veut laisser le temps
de se repentir ; en attendant, il se contente de mettre des
bornes à leur puissance ; il leur dit comme aux flots de la
mer : Vous viendrez jusqu'ici et vous n'irez pas plus loin.

Voyez-les agir, il semble qu'ils vont tout envahir, tout
infecter de leur venin, la terre se dépeuple sous leurs
pas ; vient la prière d'un pauvre prêtre qui passe revenant
de l'exil ou en y allant ; la prière d'une religieuse humble et ignorée, le mal recule on ne sait pourquoi. Si on
y voyait bien, on verrait que par rapport aux mondes où
le bon Dieu règne souverainement, l'espace occupé par
les méchants est comme le coin d'une toute petite île et
moins encore.

II.

SAINT BENOIT, LE CORBEAU, ET LE PAIN EMPOISONNÉ.

Saint Benoît fut suscité de Dieu pour mettre la dernière main à l'œuvre commencée par saint Martin ; il fut
le législateur des moines d'Occident. Né en 480, ce
n'était point avec la pensée de se rendre illustre par la
haute mission à laquelle le bon Dieu le destinait, tout
jeune encore, qu'il avait quitté le monde ; les vues des
saints, quand ils s'engagent dans les sentiers de la per-

---

¹ Boll., 13 janvier.

fection, sont plus humbles et plus simples ; il n'avait songé qu'à se donner tout entier au bon Dieu dans la retraite ; il avait ses pensées, mais le bon Dieu avait aussi les siennes. Le jeune anachorète fut découvert dans les solitudes de Subiaco, où il s'était réfugié, et ses vertus ne tardèrent pas à lui attirer des admirateurs, puis des disciples.

Parmi les œuvres bénies du Ciel, il en est peu qui, dans un temps ou dans un autre, n'aient eu à subir l'épreuve de grandes traverses. C'est le bon Dieu qui les permet pour purifier ses serviteurs, mais c'est le démon qui les suscite dans l'espoir, ou de les faire succomber, ou de ruiner leurs œuvres.

L'instrument du démon, dans cette circonstance, fut un mauvais prêtre du voisinage, nommé Florent.

Comment, un prêtre?... Oui ! Personne ne mérite autant nos respects comme un bon prêtre, mais il n'y a rien de pire, s'il est mauvais.

Il y a des gens qui ne se contentent pas de ne vouloir pas être bons, ils ne veulent pas que les autres le soient. La bonté de saint Benoît semblait à Florent un amer reproche de sa propre conduite. Ce malheureux, de la jalousie en vint à la haine ; une pensée de haine mal réprimée le conduisit à l'affreuse résolution de perdre le saint abbé.

Couvrant ses projets du voile de l'hypocrisie, il vint en signe d'union offrir un pain au serviteur de Dieu.

Saint Benoît ne paraissait se défier de rien ; il prit le pain et rendit grâces au malheureux Florent ; il n'ignorait pas cependant quelle perfidie recélait ce présent ; le bon Dieu le lui avait fait secrètement connaître.

Tous les jours, quand le saint abbé prenait son repas, un corbeau venait de la montagne recevoir de sa main une portion de sa nourriture. Dans leur solitude, le saint prophète Élie, saint Paul Ermite avaient été nourris par cet oiseau ; il avait servi de défenseur au corps de saint Vincent ; des mains d'un autre saint, il recevait bienfait pour bienfait.

Toujours dans son rôle de remplacer ceux qui naturellement auraient dû être les meilleurs amis du bon Dieu, en regard de ce mauvais prêtre, il me représente ici le pécheur sincèrement converti, persévérant jusqu'à la fin dans les voies du repentir, et traité, par le Père céleste, à l'égal des enfants restés toujours fidèles.

La table de saint Benoît était pauvrement servie ; mais pour un corbeau chaque bouchée de pain était un mets succulent. Ce jour-là, à l'heure accoutumée, il ne manqua pas d'accourir, comme le saint venait de recevoir le moyen, ce semble, de lui offrir un abondant festin.

Le pain lui fut jeté tout entier ; c'était par trop, et une semblable prodigalité recélait quelque mystère : « Au nom de Notre-Seigneur Jésus-Christ, » lui dit en effet saint Benoît, « prends ce pain et vas le jeter en tel lieu que jamais, quelque homme que ce soit ne puisse le trouver. »

A ces mots, des préoccupations plus grandes avaient ôté au corbeau tout désir de manger. Selon l'ordre qu'il avait reçu, le bec ouvert, les ailes étendues, il s'approcha néanmoins du pain mystérieux : on crut qu'il allait immédiatement le saisir et l'emporter, mais non ! il se mit à tourner tout autour, à croasser, à s'agiter; il disait ainsi, autant qu'il pouvait dire : « Avec la meilleure volonté du monde, je ne puis ou je n'ose obéir. »

L'homme de Dieu réitérait ses ordres : « Sois tranquille, » lui répétait-il, « prends-le, ne crains pas, et jette-le quelque part où il soit impossible de le trouver.»

A la fin effectivement le corbeau le saisit, l'enleva et disparut.

Trois heures se passèrent sans qu'on le revît, puis il revint après avoir exactement accompli ce qui lui avait été commandé; il avait choisi pour y jeter le pain empoisonné quelque précipice inaccessible; il reçut sa petite ration ordinaire, et, avec un surcroît d'appétit, le savoura délicieusement.

A la suite de cet événement, saint Benoît conçut une grande douleur; ce n'était point sur lui-même qu'il s'affligeait, c'était sur ce prêtre criminel; ah! s'il avait pu le ramener à de meilleurs sentiments!

Loin de là, le malheureux s'endurcit; impuissant contre le maître, il tenta de pervertir les disciples. L'homme de Dieu avait tenu bon tant qu'il avait vu sa vie seule exposée; quand il vit que le salut de ses religieux l'était aussi, il partit pour d'autres lieux.

Le bon Dieu se charge de venger ceux qui ne se vengent pas; saint Benoît partait sans pousser une plainte, sans jeter une malédiction; le méchant Florent croyait triompher; monté sur la terrasse de sa maison, il faisait éclater sa joie; la terrasse s'écroula et l'engloutit sous ses ruines.

Saint Benoît n'était pas éloigné encore de plus d'une

dizaine de milles, Maur, son disciple, courut avec empressement lui annoncer la mort de son ennemi : « Revenez, mon Père, lui criait-il, celui qui vous persécutait n'est plus ! »

Le saint, à cette nouvelle, poussa de vifs gémissements ; il avait deux grands sujets de peine : la fin misérable de ce pécheur et la joie qu'avait laissé éclater son disciple.

De la part du jeune homme, déjà fort avancé dans la perfection, cette joie de voir son maître à l'abri de la persécution, était plus naïve que méchante ; elle était de trop aux yeux du saint abbé, qui lui imposa une sévère pénitence.

Tout au moins, saint Benoît aurait pu revenir sur ses pas : il y renonça. Dans les circonstances qui avaient motivé son départ, il avait vu la manifestation de la volonté divine ; il crut l'accomplir en continuant son chemin ; il s'en alla sur le mont Cassin jeter les fondements d'une nouvelle abbaye, qui devint bientôt le centre monastique de toute l'Église d'Occident.

Les moines eux-mêmes, fortement constitués par la Règle de ce grand saint, vont devenir le principal rempart de l'Église et le réservoir de la civilisation.

Les Barbares en effet sont arrivés ; ils doivent renouveler le monde, mais en attendant que l'œuvre du renouvellement soit accomplie par leur conversion, ils ne semblent apporter que ruines et menaces.

Le trait suivant vous fera apercevoir leurs mœurs rudes et grossières, comme l'exemple du méchant prêtre Florent montre les vices de l'ancienne société qui s'écroulait.

Placés entre deux, les moines conserveront de celle-ci tout ce qu'il est possible d'en conserver, et feront pénétrer jusqu'à ceux-là les douces influences de l'Évangile [1].

III.

LE CHEVAL DE SAINT LIBERTINUS ET L'ARMÉE DES GOTHS.

Totila régnait sur les Goths et une grande partie de l'Italie ; saint Benoît était passé à une meilleure vie ; un saint religieux, comme il avait su en former, nommé Libertinus, voyageait pour les affaires du monastère de Fundi, dont il était prévôt.

Comme il traversait le pays des anciens Samnites, aujourd'hui nommé les Abruzzes, dans le royaume de Naples, il rencontra l'armée des Goths, commandée par un des généraux de Totila, nommé Darida.

Jeter un moine à bas de son cheval et s'emparer de l'animal, parut chose plaisante à quelques-uns des soldats barbares.

L'homme de Dieu les laissa faire sans résistance, sans se plaindre ; l'histoire ajoute même qu'il leur offrit son fouet. La bête sans doute n'était pas des plus allantes : « Tenez, » leur dit-il, « vous la ferez mieux marcher. » Puis, déchargé de toute sollicitude, il se mit en prières.

L'armée continua de marcher, ou se riant du pauvre moine, ou n'y songeant plus. Elle arriva d'un pas rapide jusqu'aux bords d'un fleuve nommé le Volturne.

[1] Dialogues de saint Grégoire.

Le gué était connu et facile, les soldats pressèrent leurs chevaux pour les faire entrer dans l'eau.

Les chevaux résistèrent, ce n'était pas leur habitude ; les soldats les piquèrent, les éperonnèrent : impossible de les faire avancer ; ni les fouets, ni les coups n'y pouvaient rien ; ces animaux n'auraient pas touché l'eau du bout du pied ; ils se seraient plus facilement jetés dans un précipice.

Les cavaliers s'épuisaient à frapper ; voyez les chevaux se cabrant, se jetant les uns sur les autres, toute la confusion qui devait s'en suivre.

Enfin, l'un des soldats s'écria : « Cela nous arrive pour la manière dont a été traité ce serviteur de Dieu, rencontré sur notre chemin. »

Il fut aussitôt décidé que les coupables répareraient leur faute ; ils retournèrent sur les lieux où ils avaient laissé Libertinus ; il y était encore en prières. « Levez-vous, » lui crièrent-ils, « et tenez, reprenez votre cheval. »

« Puisque vous l'avez trouvé bon, » reprit doucement le saint homme, « gardez-le ; pour moi, je n'ai pas besoin de cheval. »

Ces gens-là ne savaient rien faire qu'avec violence ; ils prirent le bon religieux de force, le remirent sur son cheval et le laissèrent ainsi.

Ils auraient pu y mettre plus de procédés, il faut en convenir, mais enfin leur intention était bien de réparer leur faute, et le bon Dieu s'en tint satisfait.

Tous les chevaux de l'armée traversèrent alors le fleuve sans plus de difficultés que le lit d'un torrent desséché.

Pour un mauvais cheval injustement acquis, toute une armée avait perdu l'usage des sens : un acte de justice le lui rendit. Bien fou qui veut chercher la force où le bon Dieu ne la met pas. Bien fou qui prétend s'enrichir par l'injustice et la spoliation, quand le bon Dieu tient toutes les richesses entre ses mains [1].

IV.

SAINT ISAAC, LE PETIT VOLEUR ET LE SERPENT.

Un saint homme nommé Isaac, venu de la Syrie en Italie, au commencement de la domination de Goths, était entré dans la ville de Spolette, avait demandé l'église, puis s'adressant aussitôt aux gens chargés de la garder : « Accordez-moi, » leur avait-il dit, « la permission d'y prier tant que je le voudrai, et lorsque viendra l'heure de la fermer, veuillez ne pas m'obliger d'en sortir. »

Il s'était donc mis en prières, y était resté tout le jour, toute la nuit ; ainsi des nuits et des jours suivants ; le troisième suivait son cours, un des gardiens s'était écrié : « C'est par trop fort, c'est un hypocrite, un imposteur, qui veut se faire passer pour ce qu'il n'est pas, » et il lui avait donné un soufflet.

Le malheureux en avait été bien puni ; aussitôt il avait été possédé du démon, mais heureusement pour lui, l'homme de Dieu se trouvait là ; bientôt on entendit l'esprit infernal s'écrier par la bouche du possédé : « Isaac me chasse, Isaac me chasse. » En effet, il fut

[1] Dialogues de saint Grégoire.

chassé, et l'on avait ainsi connu le nom du pieux étranger.

Toute la ville était accourue autour de lui ; les riches, les pauvres avaient rivalisé d'empressement, c'était à qui lui offrirait sa maison. Pour construire un monastère, les uns voulaient lui faire don d'une terre, les autres lui présentaient de l'argent, il avait tout refusé.

A quelques pas de la ville il avait choisi un lieu désert et s'y était construit une petite cabane. Il n'y était pas longtemps demeuré seul ; lorsque ses disciples autour de lui s'étaient vus réunis en grand nombre, ils lui avaient dit :

« Le moment est venu maintenant, pour les besoins d'une importante communauté, d'accepter ce qu'on vous offre. Non, avait répondu saint Isaac, un moine qui sur la terre cherche à être riche n'est pas un moine. » Il voulait que lui et les siens vécussent de leur travail et s'il acceptait quelque aumône, il fallait qu'elle fût bien petite.

Il arriva qu'une personne désireuse de se recommander à ses prières lui envoya deux corbeilles pleines d'aliments, un petit garçon était chargé de les porter. L'enfant crut qu'il lui serait possible d'en dérober une à son profit. Il la cacha le long du chemin, présenta l'autre seulement au saint homme, crut du reste s'acquitter parfaitement de sa commission, répéta sans en omettre une parole tout ce qu'il était chargé de dire.

« Je vous remercie, » mon enfant, « lui répondit saint Isaac avec bonté, mais prenez garde à la corbeille que vous avez laissée dans le chemin, ne la prenez pas sans précaution, car un serpent s'y est introduit; si vous n'y preniez pas garde, mon enfant, il vous mordrait. »

Imaginez à ces mots la confusion de notre petit voleur. Il avait grand sujet de se réjouir d'être prévenu contre un si grand danger, il devait se trouver tout heureux, sa faute découverte, de ne pas être puni, comme il l'eût mérité ; mais la honte dont il était couvert n'était-elle pas par elle-même une suffisante punition ?

Il retourna à sa corbeille ; il l'examina avec toute l'attention, toute la précaution possible ; le serviteur de Dieu avait dit vrai, un serpent en avait pris possession.

Que fit-il en le voyant, l'histoire ne le dit pas expressément. Je suppose qu'il s'enfuit tout effrayé, abandonnant et le serpent et la corbeille [1].

Que pensez-vous que représentait ce serpent? N'est-ce pas le démon qui se met sur notre passage, qui prend possession de notre cœur aussitôt que nous faisons quelque action condamnable, heureux si le bon Dieu nous le fait apercevoir.

Ah ! vous croyez gagner quelque chose en trompant vos maîtres, en gardant ce qui ne vous appartient pas. Prenez garde, ce n'est pas vous qui gagnez, c'est le démon qui gagne. Il s'empare de cette mauvaise action, de cette pensée présomptueuse, de ce plaisir défendu ; tout péché est un larcin fait au bon Dieu. Et prenez garde si vous ne fuyez bien vite, si vous ne vous dé-

[1] Dialogues de saint Grégoire.

chargez par la pénitence de ce gain que vous aviez cru faire... le démon vous fera sentir sa morsure mortelle.

V.

L'OURS DE SAINT FLORENT DE NORCIA.

Dans les environs de Norcia, la patrie même de saint Benoît, vivaient deux saints solitaires, rivalisant d'un saint zèle pour servir le bon Dieu; quoique très-unis, ils ne le servaient pas pourtant de la même manière.

Eutyche, non content de s'exercer à tous les genres de vertus, s'efforçait d'y former les autres; c'était un prédicateur distingué, un directeur en vogue.

Florent, homme d'une excessive simplicité, n'avait qu'une seule chose en vue, c'était de prier le bon Dieu dans la solitude.

Non loin de là était un monastère; l'abbé vint à payer son tribut à la mort. Eutyche fut choisi pour lui succéder. Il se rendit au désir des moines, et pendant de longues années, il les guida dans les voies du salut.

Florent avait seul continué d'habiter les lieux où ils avaient vécu ensemble.

Sans distraction, sans relâche, tout le long des jours dans la société du bon Dieu, il ne lui semblait pas que rien dût lui manquer. Mais si! Quoique le bon Dieu suffise à tout, il entre dans l'ordre de notre nature comme dans celui de sa providence, que dans son service les créatures nous procurent de légitimes douceurs, nous offrent des motifs tout particuliers de l'aimer.

Après avoir beaucoup prié, Florent autrefois s'entretenait avec son ami de l'éternel objet de leurs communes affections; maintenant parfois il sentait le vide d'un trop grand isolement, et de son âme vers le ciel, il lui arriva de laisser échapper le désir, et peut-être la demande de quelques petites consolations.

Nous ne pouvons nous imaginer combien Dieu est bon pour ceux qui le servent, combien il est disposé à condescendre à leurs moindres désirs; il avait entendu la prière de son serviteur, et comme le bon saint Florent, au terme de son oraison, sortait de sa cellule, il vit à la porte un nouveau compagnon qui lui arrivait.

C'était un ours : mais un ours qui n'avait rien de cruel ni de méchant, et qui se tenait tout prêt à lui obéir la tête baissée, comme un serviteur qui attendrait les ordres de son maître.

Le pieux solitaire ne s'y méprit point; bénissant dans son âme le souverain auteur de ce bienfait, il n'eut pas de peine à trouver comment utiliser la bonne volonté de son visiteur.

Il lui était resté quatre ou cinq brebis; les pauvres abandonnées rarement allaient à la pâture, rarement recevaient le nécessaire d'un saint homme étranger à tous les soins d'ici-bas.

« Conduis-les aux pâturages, dit-il à l'ours, garde-les soigneusement et à l'heure de Sexte tu les ramèneras. »

L'ours du bon saint Florent aussi docile, et plus heureux que le lion de saint Gérasime, ne se laissa point ravir ses brebis; lui dont le métier eût été plutôt de les manger, il oubliait jusqu'au soin de sa propre nourriture pour leur chercher les meilleures herbages.

Le saint homme, suivant les jours, faisait un jeûne plus ou moins rigoureux; tantôt il mangeait à l'heure de Sexte vers midi, tantôt il attendait l'heure de None, c'est-à-dire trois heures du soir environ.

Il voulait alors avoir sous les yeux son troupeau, pour prendre à ses brebis quelquefois sans doute un peu de leur lait, pour avoir surtout pendant ces instants de soulagement la société de son ours. Celui-ci ne manquait jamais d'être fidèle, chaque jour, à l'heure assignée; et heureux des bons rapports qu'ils avaient ensemble, le bon Florent le nommait ingénument son *frère*.

C'était grand prodige, et la nouvelle, vous le croirez sans peine, ne tarda pas à s'en répandre. Il y avait là d'ailleurs matière, pour qui sait voir sainement, à solide édification.

Quel modèle de confiance en Dieu de la part du saint solitaire; quel modèle d'assiduité à son devoir de la part de cette bête si sauvage; quel exemple de la bonté divine.

Mais il n'y a rien de si bon que l'ennemi de tout bien ne cherche à tourner en mal.

Quatre des disciples du vénérable Eutyche par une suggestion vraiment satanique se révoltèrent à la pensée que leur maître n'ayant point fait de pareille merveille, un homme simple et obscur comme Florent, inutile au monde, il leur semblait, lui pût paraître préférable. Ils guettèrent le malheureux animal et le tuèrent.

L'heure marquée ce jour-là pour le retour était passée depuis longtemps; Florent ne voyait point revenir son fidèle compagnon, il l'attendit avec anxiété jusqu'au soir. Ni l'ours ni les brebis ne paraissaient. Il n'était que trop facile de soupçonner ce qui était arrivé; la nuit se passa en de vives angoisses.

Dès la pointe du jour, le bon solitaire était à la recherche de son troupeau; aux arbres, aux rochers, il demandait des nouvelles de son *frère*. Il le trouva mort!... de nouvelles recherches ne tardèrent pas à lui apprendre quels étaient les meurtriers.

Nouveau sujet de douleur plus grande encore, à la pensée du crime commis, à la pensée du caractère des coupables.

Saint Eutyche vint pour consoler son vieil ami; mais le pauvre Florent était tellement sous l'aiguillon de la douleur, qu'elle lui arracha ces paroles:

« Oui, j'espère que le Dieu tout-puissant, dans cette vie même, sous nos yeux, tirera vengeance de leur méchanceté; ils ont tué mon pauvre ours: que leur avait-il fait? »

Le bon Dieu, d'une manière effrayante, ne tarda pas à montrer qu'il avait entendu ces plaintes. Les quatre coupables, atteints d'une lèpre hideuse, périrent misérablement.

Le bon et vénérable Florent les pleura le reste de sa vie avec des larmes d'autant plus amères qu'il s'accusait d'avoir été la cause de leur mort.

Saint Grégoire, en racontant cette histoire, ne disconvient pas, en effet, qu'il n'y eût dans cette occasion quelque faute de la part du saint homme. Quant au bon Dieu , tout de son côté fut justice ; en exauçant son serviteur, il fit subir aux coupables un sort qu'ils avaient bien mérité, il lui apprit à lui-même, par le trouble de sa conscience, qu'une parole de malédiction , quelque tort qu'on lui fasse, ne doit jamais sortir de la bouche d'un disciple de Jésus-Christ.

Il faut bien dire aussi que le bon saint Florent avait pour excuse cette même simplicité qui lui valut de voir une bête naturellement si disposée à troubler sa solitude venir en faire le charme, qui lui valut mieux encore, c'est-à-dire les grâces qui l'élevèrent à une éminente sainteté.

7ᵉ BOUQUET.

TEMPS DES BARBARES CONVERTIS.

I.

LES LOUPS FIDÈLES CONDUCTEURS DE PORCS.

L'Église d'Orient, longtemps si féconde en grands Saints, allait s'abîmer dans l'hérésie et le schisme, en attendant qu'elle tombât sous le joug avilissant des sectateurs de Mahomet.

L'Église d'Occident, au contraire, toujours unie à la Chaire de saint Pierre, toujours fidèle au Vicaire de Jésus-Christ, au moment où elle semblait prête à succomber sous une épouvantable inondation de peuples païens et barbares, les soumit à sa divine autorité, se renouvela en mêlant à celui de ses enfants leur sang jeune et vigoureux, et, après un laborieux enfantement, donna naissance à la chrétienté moderne.

Les nouveaux venus violents, fiers, indépendants, incultes, étaient étrangers à tous les raffinements de la civilisation grecque et romaine, mais aussi ils n'en avaient pas les vices.

Avec eux il fallait des moyens de conviction prompts, clairs, saisissants. Essayez de leur persuader la vérité par des raisonnements, ils ne la comprendront pas. Faites-la briller à leurs yeux, ils l'embrasseront sans subterfuge.

Le bon Dieu en leur faveur prodigua les miracles ; je

ne dirai cependant pas qu'il en ait fait pour eux de plus merveilleux et de plus multipliés qu'il n'en fit au temps des martyrs pour convertir le monde païen; au temps des anachorètes pour les soutenir dans le désert; et la vie de beaucoup de saints au grand jour des temps modernes ne le cède en rien en ce genre de merveilles aux époques primitives.

Ce qui distingue les miracles des temps dont nous parlons, c'est un caractère d'éclatante manifestation ou de naïve simplicité en rapport avec les mœurs des peuples qu'ils devaient convertir ; en rapport avec leur piété enfantine, lorsque ces peuples étaient devenus chrétiens.

Les saints moines que je vous ai fait connaître jusqu'à présent étaient des Grecs et des Romains, survivant par la puissance de la foi aux ruines de l'antique société. Ceux dont je vous parlerai maintenant, issus du sang barbare, furent à la fois les continuateurs de leur apostolat et les prémices les plus précieuses de la civilisation nouvelle.

A ces hommes selon son cœur, le bon Dieu adjoignit souvent de faibles femmes dont l'influence, d'autant plus puissante qu'elle était plus douce, s'étendait sur des contrées entières.

Saint Patrice venait de porter la foi en Irlande, lorsqu'une jeune fille, nommée Brigide, reçut des mains de saint Mel, son neveu et son disciple, le voile qui devait la désigner comme désormais consacrée au Seigneur. On la disait fille d'un seigneur de sang royal et d'une esclave, et sur sa naissance et ses premières années l'on racontait des choses merveilleuses.

La jeune vierge se construisit une cellule dans le creux d'un gros chêne, d'où vint le nom de *Killdura*, c'est-à-dire cellule du chêne, donné dans la suite au monastère qui s'éleva en ce lieu, lorsque sainte Brigide s'y trouva à la tête d'une nombreuse communauté.

L'Irlande alors était couverte d'immenses forêts, et les glands qu'elles fournissaient en abondance servaient à nourrir une grande quantité de porcs : c'était une des richesses du pays.

Un sanglier, poursuivi sans doute par des chasseurs, se jeta un jour avec grand fracas au milieu d'un paisible troupeau de porcs du monastère ; la sainte abbesse heureusement se trouva présente pour arrêter le désordre ; elle bénit l'animal sauvage : c'en fut assez pour le dompter : il continua de vivre sans jamais apporter de trouble au milieu de ses nouveaux compagnons. Je vous le donne comme un exemple de la puissance de la douceur.

En voici un autre plus frappant encore. Sainte Brigide était devenue en si grande vénération, que de bien loin on venait faire des offrandes à son monastère. On jugeait que c'était un grand moyen de se rendre le bon Dieu favorable que de pourvoir à l'entretien des saintes filles qui s'étaient consacrées à son service dans le monastère de Killdura.

« J'ai des porcs bien gras dans mes troupeaux, » lui dit, dans un mouvement de générosité, l'un des visiteurs de sainte Brigide, « envoyez seulement des gens les chercher, et je vous en donnerai quelques-uns. »

La demeure de cet homme était éloignée de quatre journées de marche environ ; les gens désignés par sainte

Brigide se mirent avec lui en route. Vers la fin du premier jour, ils aperçurent dans le lointain quelque chose qui venait à eux. « Qu'est-ce que cela peut être ? » se dirent-ils. Ils regardaient attentivement : « N'est-ce pas des porcs ? — Oui ! — Mais personne ne les conduit. — D'autres bêtes noires viennent par derrière, paraissant les suivre ! — Ne serait-ce pas des chiens ? — Non ! — Serait-ce des loups ? — En vérité ce sont des loups ! — Des loups ? mais les porcs marchent paisiblement, ne paraissent pas avoir peur. — En vérité ce sont des loups qui conduisent les porcs, qui nous les amènent ! »

C'était vrai ! Tel était l'empire exercé par la douceur de cette aimable sainte, que les porcs ne lui avaient pas été plus tôt destinés, qu'au grand effroi de ceux qui les gardaient, des loups étaient accourus du fond de la forêt ; mais c'était pour les emmener à leur nouvelle maîtresse. Ces loups, changeant de nature, étaient devenus tout à coup pour eux des bergers et des conducteurs fidèles [1].

II.

LE RENARD UN MOMENT APPRIVOISÉ.

L'Irlande, dans le temps dont nous parlons, était divisée en une multitude de petits États, dont chacun avait son roi. Le roi de la contrée habitée par sainte Brigide, avait un renard apprivoisé dont il faisait ses délices. Essayer de vous dire ses tours, ses finesses, son agilité, ce serait peine perdue : il eût fallu le voir.

[1] Boll., 1er février.

Un paysan arrive ; je ne sais quelle affaire l'amenait à la cour. Probablement venait-il y apporter quelques denrées nécessaires à la vie, des volailles peut-être. Il aperçoit le renard ; pareille espèce ne lui paraît bonne qu'à tuer. Combien de fois a-t-il pesté de ne pouvoir tenir cette maudite bête qui a mangé ses poules. « Enfin, en voici un ! » se dit-il, et il l'assomme, bien content de son coup.

Sa joie dura peu. « Qu'as-tu fais, misérable, » lui crient de loin les valets, « tu as tué le renard du roi ! tu t'es mis dans un beau cas, va ! »

On prend mon homme, on le conduit au roi.

Dans ces temps rudes et grossiers, ceux qui avaient la puissance, quand ne les avait pas encore adoucis la pratique de la loi évangélique, ne savaient supporter aucune contrariété ; souvent ils en punissaient l'auteur à l'égal d'un criminel.

« Que cet homme soit mis à mort, » dit le roi furieux ; « on confisquera ses biens, sa femme et ses enfants seront réduits en servitude, s'il ne me donne un renard comme celui qu'il m'a tué, aussi bien apprivoisé, aussi bien dressé. »

Cette condition semblait une dérision ajoutée au cruel arrêt. Sainte Brigide, heureusement, en eut connaissance à temps. Elle eut grande pitié de ce pauvre homme, qui n'avait péché que par excès de simplicité.

Elle monte sur un char pour aller trouver le roi et essayer de le fléchir. Chemin faisant, elle s'adressait au bon Dieu, jugeant avec raison que de lui seul dépendait le succès de sa démarche.

Sa prière fut entendue du ciel. Du fond des bois, un renard accourut, sauta près d'elle sur son char et s'y tint tranquillement couché pendant tout le trajet. Arrivée au terme de son voyage, elle sollicita la mise en liberté du malheureux condamné. Le roi protesta qu'elle ne l'obtiendrait pas qu'il ne lui fût donné un renard semblable au premier.

La sainte lui présenta alors celui qui lui avait été si merveilleusement envoyé.

« En voilà un, » dit-elle. Il fut trouvé de tous en docilité et en adresse encore supérieur au défunt. On ne pouvait en croire ses yeux. Le roi, satisfait, accorda la grâce du coupable, et sainte Brigide, remplie d'une bien plus douce satisfaction, reprit le chemin de son monastère.

Quant au renard, sa mission remplie, il reprit son naturel sauvage, s'esquiva adroitement, et, fuyant loin d'un monde qu'il trouvait peu fait pour lui, il se trouva beaucoup plus heureux quand il eut regagné sa tanière.

Qu'en pensa le roi? l'histoire ne le dit pas. Mais, revenu de sa première émotion, il dut s'applaudir de n'avoir pas sur la conscience la mort d'un pauvre homme et la désolation d'une famille entière, bien plus que d'avoir un renard apprivoisé ; et, si par malheur, il ne s'est pas montré accessible à ces bons sentiments, nous dirions qu'il est plus difficile de ramener à la raison un méchant homme, que de rendre les loups serviables et les renards dociles.

Sainte Brigide termina sa vie comme elle l'avait commencée, illustrée par des miracles sans nombre et comptant autant de bienfaits que de miracles ; maintenant

pour jamais unie au cœur des anges, elle chante sans
fin les louanges de Dieu, qu'elle a fait aimer sur la terre [1].

IV.

SAINT TRIVIER , LES JEUNES BURGUNDES ET LES DEUX LOUPS.

Théodebert petit-fils de Clovis , par Théodoric , après
avoir lui-même porté les premiers coups aux Burgundes
dans une guerre qui eut pour résultat de les soumettre
à la domination des Francs , avait laissé à deux de ses
généraux Mummolus et Bucilène, le soin de la continuer.

Trop récemment convertis au christianisme, les
Francs ne savaient point encore apporter dans les dures
nécessités de la guerre , cet esprit de modération et de
générosité qui devait distinguer leurs chevaleresques
descendants.

Souvent après les victoires, l'ennemi désarmé, des
femmes, des vieillards étaient impitoyablement massa-
crés , les enfants étaient enlevés à leur famille. Parmi
les jeunes captifs soumis à ce triste sort par les généraux
de Théodebert, s'étaient trouvés deux nobles enfants du
pays de Dombes, nommés Radiguisel et Salsufur. Fidèle
au rôle réparateur des moines, l'abbé d'un monastère, situé près de Thérouanne , bourg aujourd'hui de
la Flandre, les avait rachetés , et en attendant qu'il fût
possible de les rendre à leurs pays, ils étaient élevés
dans cette sainte maison.

[1] Boll. , 1er février.

C'était à qui remplacerait le mieux leur père et leur
mère, mais rien ne pouvait leur faire oublier les rives
de la Saône où ils les avaient laissés, les fraîches prairies des bords du Moignan, petite rivière sur laquelle se
penchait plus immédiatement leur demeure.

Entre ces bons religieux, il y en avait un dont les
yeux se reposaient sur eux avec plus de sollicitude peut-
être encore que ceux d'aucun autre. Né en Neustrie,
quoique romain d'origine, son histoire par exception
ne sera pas déplacée dans cette partie de nos récits. Il
se nommait Treverius, nous le désignerons par son nom
français de Trivier.

Saint Trivier demanda un jour aux jeunes exilés s'ils
ne désireraient pas retourner dans leur pays.

Cette pensée leur fit couler beaucoup de larmes d'at-
tendrissement.

« Si vous pouviez nous ramener dans notre pays »
s'écrièrent-ils, « vous seriez certainement sûr d'avoir le
tiers de tous les biens que nous auront laissés nos parents. »

Le père abbé n'ignorait aucune de ces paroles, aucun
de ces désirs, aucune de ces larmes. Mettre la dernière
main à sa bonne œuvre était son plus grand désir, mais
un voyage si facile aujourd'hui était alors une grande
entreprise ; trois années se passèrent avant qu'il fût
trouvé prudent de l'accomplir. Enfin, jugeant le moment venu, le bon abbé appela ses pupilles, les munit
des habits et des aliments nécessaires pour faire une route
longue et pénible, et avec Trivier pour protecteur et
pour guide, leur dit de s'acheminer vers leur patrie.

Ce ne fut pas sans émotion qu'on les vit partir, et si leur cœur battait de bonheur, les· incertitudes d'un semblable voyage ne laissaient pas aussi de leur causer à eux et à leur saint compagnon beaucoup d'anxiété.

Lorsqu'après avoir marché quelque temps, ils se trouvèrent au milieu d'une grande et épaisse forêt, lorsqu'en suivant d'étroits sentiers frayés à peine, ils eurent perdu leur chemin, ils virent combien leurs craintes avaient été fondées.

Depuis trois jours ils erraient sans savoir où ils étaient, sans savoir où ils allaient; à chaque instant, ils tremblaient de rencontrer des brigands, d'être dévorés par les loups.

Dans cette extrémité, saint Trivier tomba à genoux et sollicitant Dieu de toute miséricorde, s'écria : « Qui vous empêche, Seigneur, d'envoyer un ange pour nous conduire? »

Sa prière terminée, aucun ange ne parut, mais deux loups accoururent, conduits par les anges; ils avaient l'œil doux, l'air caressant, ils baissaient la tête, inclinaient les oreilles avec soumission d'une manière affectueuse; je leur supposerais presque sur les lèvres une sorte de sourire, tant il devait leur paraître singulier à eux-mêmes d'avoir à accomplir un rôle si contraire à leur habitude.

En agitant la queue, ils marchèrent devant les pauvres égarés, aux yeux desquels leur présence seule faisait déjà disparaître les horreurs de la solitude; bientôt ils les eurent ramenés hors de la forêt dans la voie publique; et sans autre aventure qui mérite de vous être rapportée, les trois voyageurs la suivirent heureusement jusqu'à leur destination.

Les jeunes Burgundes trouvèrent-ils leurs parents encore vivants, eurent-ils la joie de les embrasser, ou seulement la triste consolation de pleurer sur leur tombe? Je ne saurais vous le dire, tout au moins recouvrèrent-ils leurs biens en tout ou en plus grande partie, car ils les mirent tous à la disposition de leur bienfaiteur.

« Gardez l'héritage de vos pères » leur répondit Trivier; puis après quelques moments de réflexion, il ajouta : « Je ne vous demande qu'une grâce, c'est de m'accorder près de votre demeure une cellule et un petit jardin. »

Rien n'attache comme les bienfaits dont on est l'auteur : décidé à vivre dans la retraite, le saint homme ne voulait pas s'éloigner de ceux auxquels il venait de rendre la vie de la patrie et de la famille. Vous jugez si sa demande lui fut accordée. Il accepta aussi quelques brebis et employa à les soigner le temps qu'il ne consacrait pas à la prière.

Dans un âge avancé, il s'éloigna quelque temps pour visiter les sanctuaires voisins, ceux de Lyon principalement. De retour dans sa retraite, il était allé un jour mené paître ses brebis; à genoux près d'elle, il priait, il chantait; tout à coup ses chants avaient cessé : dans cette position, il avait rendu son âme à Dieu.

Près de son tombeau devenu célèbre, la petite ville qui porte son nom a été bâtie [1].

[1] Boll., 16 janvier.

V.

L'OURS OBÉISSANT.

Né à Maizière-sur-Oise, à deux lieues de Saint-Quentin, d'un père honoré d'un culte public, le bienheureux Evrard, saint Humbert lui-même dès son enfance, comme indice de sa sainteté future, avait montré un grand mépris du monde; il l'avait quitté aussitôt que son âge le lui avait permis, et il avait embrassé le sacerdoce dans la ville de Laon.

Il était retourné dans son pays natal pour y recueillir la succession de ses parents, lorsque vint à passer saint Amand, évêque de Maëstrick accompagné d'un autre saint personnage nommé Nicaise. Ils allaient faire un pèlerinage à Rome; ils lui demandèrent l'hospitalité et l'invitèrent à les suivre.

Il quitta tout et se joignit à eux. En cheminant, tous les trois ils répétaient ces paroles : « Qu'il est bon, qu'il est doux pour des frères de se trouver ensemble ! »

Ils s'étaient arrêtés pour se reposer des fatigues de la route et prendre leur repas; ils le prenaient dans la paix du Seigneur, sans se tourmenter d'aucune sollicitude.

Leurs bêtes de somme débarrassées momentanément de leurs charges paissaient paisiblement autour d'eux.

Un ours gigantesque se glissa par le fourré, se jeta sur l'une d'elles; la renverser, l'étrangler fut l'affaire d'un instant, personne ne s'en était aperçu.

Lorsqu'il fallut faire les préparatifs du départ, cette bête fut trouvée de moins. Saint Amand donna l'ordre à un jeune serviteur d'aller à sa recherche, jugeant qu'elle s'était seulement écartée, tentée par quelques lopins d'herbe plus tendre. Peut-être l'avait-elle fait, et à cette imprudence elle aurait dû la mort.

Le jeune homme obéissant arriva sur les lieux mêmes où le cruel animal faisait un horrible festin de la pauvre bête; effrayé, il ne songea qu'à fuir : c'était trop naturel, toute la petite troupe jugea convenable d'en faire autant et en grande hâte.

Humbert seul restait en arrière, ses compagnons le pressaient.

« Ne vous troublez pas, mes frères » leur dit-il « j'aurai bientôt fait ce que notre serviteur aurait dû faire. »

La mission du jeune homme eût été de ramener la bête perdue; ce n'était pas facile, elle était en lambeaux.

Le saint courut néanmoins là où elle était et trouva l'ours tout couvert de son sang, peu disposé à rien céder de sa proie.

Mais Humbert venait au nom d'un maître qu'aucune créature ne saurait méconnaître; il s'avança avec assurance, et au nom de Dieu, il dit à l'ours d'un ton d'autorité :

« Tu as tué cet animal que Dieu avait donné à nos frères pour leur soulagement pendant la route. Tu l'as mis hors d'état de nous servir, il faudra que tu le remplaces. Pendant tout le temps de notre pèlerinage, tu porteras nos bagages et tu le feras avec soumission. »

Aussitôt, vous auriez vu à la voix de l'homme de Dieu l'horrible bête s'adoucir ; il l'appela, elle vint à lui ; elle prit la position demandée, elle se laissa mettre la charge et suivit les pèlerins ; s'arrêtaient-ils, elle s'arrêtait, repartaient-ils, elle repartait. Quand revenait l'heure du repas, elle se contentait de la part de nourriture qu'ils lui donnaient et la prenait avec douceur de leurs mains ; essayaient-ils de prendre du repos, elle faisait la garde auprès d'eux.

Quelle surprise, quelle admiration dans tous les villages, les bourgs, les villes où ils passaient ! « Venez, venez » criait-on de toutes parts, « venez voir un ours chargé comme un mulet » et tous, petits et grands, d'accourir, et les commères de s'extasier.

Ce n'était pas sans danger. Combien en est-il, si le bon Dieu leur eût accordé pareille grâce, qui s'en seraient enorgueillis.

Ce n'est certes pas chose à désirer que de faire des miracles. Savez-vous que la moindre petite pensée par laquelle on s'en attribuerait le mérite, par laquelle on se croirait quelque chose de grand et de bon, vous ferait perdre tout le fruit de la vie jusque-là la plus sainte.

Pour se prémunir contre tel péril, ce n'est pas trop d'une triple cuirasse d'humilité, de simplicité et d'obéissance ; saint Humbert avait toutes ces vertus. On pouvait impunément battre des mains autour de lui, il les battait lui-même ; ces applaudissements dans sa pensée ne pouvaient s'adresser à d'autres qu'au bon Dieu.

Ce n'était pas moins hasardeux, et tout homme vivant est sujet à tomber. Il y avait alors sur le siége de saint

Pierre un autre homme de Dieu, plein de prudence et de discernement, saint Martin Ier. Il sut avec quel singulier cortége, des extrémités de la Gaule s'avançait vers la ville éternelle une troupe de pieux pèlerins.

Il envoya à leur rencontre et leur enjoignit de ne pas faire montre à leur entrée dans Rome de la prodigieuse obéissance de cette bête sauvage.

« Qu'elle retourne plutôt dans ses montagnes, sa vue exciterait peut-être dans le peuple une admiration trop tumultueuse. Qui sait les sentiments qui pourraient s'élever dans vos cœurs : le plus sûr pour être élevé par le Souverain-Juge, c'est de paraître bas aux yeux des hommes. »

A la voix du Pontife, les saints voyageurs n'eurent pas un instant d'hésitation ; leur merveilleuse bête de somme fut remise en liberté. Ce fut le dernier prix de son obéissance ; elle lui avait valu déjà le pardon de son meurtre et la société de ces saints pèlerins : il n'est rien que l'obéissance ne puisse mériter et obtenir.

Pour récompense de la leur, saint Humbert et ses compagnons furent reçus par le vicaire de Jésus-Christ avec une singulière distinction.

De retour dans sa province, saint Humbert fonda le monastère de Marolles, dans le diocèse de Cambrai, et vers l'année 682, il couronna, par une précieuse mort, une vie dont l'humilité, la simplicité et l'obéissance furent toujours les premières bases [1].

---

[1] Boll., 4 janvier.

VI.

L'OIE DE SAINT RIGOBERT.

Pépin le Bref régnait en France : saint Rigobert, élevé malgré lui sur le siége archiépiscopal de Reims avait accepté avec douceur et patience une persécution qui l'avait obligé d'en descendre. Il vivait au village de Gernicourt, pauvre et content, tout occupé de prières et de bonnes œuvres. Si quelquefois il allait à Reims, son ancienne ville épiscopale, dont il n'était éloigné que de quatre ou cinq lieues, c'était pour y aller faire sans bruit ses dévotions à quelque sanctuaire vénéré.

Un jour que selon sa pieuse habitude, il était entré dans l'église d'un monastère, le cellerier nommé Wibert l'aperçut et lui fit préparer à manger, mais le saint archevêque tenait à retourner dire sa messe à Gernicourt et il ne voulut rien accepter.

Sur ces entrefaites, une pauvre veuve apporta une oie dont elle voulait faire l'offrande au monastère. « Puisque vous ne voulez pas dîner avec nous » s'écria Wibert, « votre petit garçon va emporter cette oie et vous la mangerez chez vous. »

Saint Rigobert était en effet accompagné d'un jeune garçon qui fut chargé d'emporter le présent qui venait de lui être fait.

L'enfant d'abord était fort occupé de son oie; il l'avait prise, je pense, d'une main par les deux ailes, il la soutenait de l'autre, il ne la perdait pas de vue; par moment il lui devait faire quelque caresse pour la dédommager de cette position incommode, et toute l'armée du roi de France serait venue à passer, que je doute s'il se fût cru permis de lever les yeux.

Le temps ne tarda pas à venir où notre jeune étourdi les leva pour beaucoup moins; il eût pris attention à voir voler une mouche, à voir tomber une feuille; son esprit même était retourné à Reims ou à Gernicourt où il avait laissé quelque jeu interrompu. L'oie s'échappe, prend son vol et disparaît.

Plusieurs heures s'étaient passées, le pauvre enfant était désolé. Le bon vieillard n'avait eu d'autre soin que de le consoler, et lui parlant avec sa douceur habituelle, il en avait pris occasion de lui donner de sages instructions : « Il ne faut pas s'affliger de la perte des biens temporels » lui avait-il dit, « ils ne méritent pas nos pleurs, » puis il avait repris la récitation de ses psaumes.

C'était sa sainte habitude, toujours par les chemins on le voyait, ou chantant les louanges du bon Dieu, ou méditant en silence sur les perfections divines.

Trois heures ainsi s'étaient passées quand voilà l'oiseau fugitif qui reparaît et vient lui-même s'abattre aux pieds de Rigobert.

L'oie se prit alors à voler devant lui de distance en distance, sans jamais s'écarter de la route, jusqu'à ce qu'ils fussent arrivés à Gernicourt.

Douceur l'emporte sur violence, c'est le cas de le répéter, et il n'est arme comme patience.

On ajoute que l'oie vécut plusieurs années, et toujours elle accompagnait le saint, volant devant lui lorsqu'il allait à la ville.

Quant à notre saint homme d'une si aimable simplicité, d'une piété si suave, il n'avait pas voulu que l'on fît du mal à cette bête repentante, tant qu'il plut au bon Dieu de la laisser de ce monde [1].

VII.

LES TROIS POISSONS DE SAINT NEEDS.

Issu du sang des rois Anglo-Saxons , et proche parent du grand roi Alfred , saint Neotus , vulgairement saint Needs, avait eu le bonheur bien plus réel de ne voir dans sa famille que de pieux exemples. Il avait su si bien en profiter que tout jeune encore , aux honneurs du monde il avait préféré la vie pauvre et pénitente d'un monastère.

Il quitta ensuite le cloître pour vivre dans la solitude avec plus d'austérité encore ; fit un pèlerinage à Rome , et construisit à son retour un nouveau monastère pour un grand nombre de religieux qui demandaient à suivre son exemple.

Dans un temps où il avait entrepris de vivre isolé avec un seul compagnon, il rencontra près des lieux solitaires qu'il avait choisis pour sa demeure , une petite fontaine qui répandait alentour une riante fraîcheur. Trois petits poissons s'ébattaient joyeusement dans son onde pure. Les pêcher était facile, en alimenter la table de l'ermitage n'était pas chose indifférente dans l'état de dénûment où elle était réduite.

C'était un don du bon Dieu : le saint homme ne voulut

[1] Boll. , 4 janvier.

pas y mettre la main avant de lui avoir demandé comment il devait en user.

Après avoir prié il comprit que pour le faire avec la modération que comportait l'état qu'il avait embrassé, et pour ménager les biens que la Providence lui envoyait, il devait se contenter le premier jour d'en prendre un seul et laisser les deux autres.

Le lendemain, pour prix de sa discrétion, il retrouva dans la fontaine encore les trois petits poissons, et depuis, chaque fois que les besoins de la maison le demandaient, il en prenait un, mais jamais qu'un seul; on le mangeait, et le jour suivant, néanmoins, il ne manquait jamais de s'en trouver trois à frétiller dans l'onde vive.

Le bon saint y voyait une image de l'inépuisable bonté de Dieu, qui donne beaucoup, lors même qu'il donne peu à la fois, parce qu'il donne toujours.

Survint une maladie : Barrius, le compagnon de saint Needs, était un homme simple mais dévoué; voyant son cher maître qu'il aimait comme la moitié de ses os, dans la dernière faiblesse, il s'en alla à la fontaine, et jugea que pour le fortifier un peu ce n'était pas trop, dans l'état où il était, de deux petits poissons; il les prit et se mit en devoir de les apprêter de son mieux. L'un il le fit rôtir, l'autre il le fit bouillir, jugeant que par cette légère variété de mets il exciterait davantage l'appétit du malade.

Sa cuisine terminée, il la lui présenta et le pressa d'en manger.

Le serviteur de Dieu qui de longtemps sur sa table,

n'avait vu une telle abondance, demanda d'où venaient les poissons. Barrius n'y avait pas entendu malice, il raconta ce qu'il avait fait avec la même simplicité qu'il avait mise à le faire.

« Mon père, répondit-il, j'ai été à la fontaine, j'y ai pris deux poissons et je les ai préparés chacun d'une manière différente. Si vous ne pouvez pas manger de l'un, j'ai pensé que peut-être au moins vous goûteriez de l'autre, et que vous vous restaureriez un peu.

« Qu'as-tu fait, » s'écria le saint homme, se laissant aller extérieurement à une vive indignation qui n'altérait pas le calme intérieur de son âme, « qu'as-tu fait ! comment tu nous a enlevé cette ressource que le Seigneur nous avait envoyée dans sa miséricordieuse bonté? Comment as-tu osé, sans prendre ses ordres, sans t'enquérir de sa volonté, emporter ces deux poissons à la fois; rejette-les dans la fontaine! »

Barrius désespéré, reprit son plat et alla jeter dans la fontaine les deux poissons rôtis et bouillis comme ils étaient.

Le bon saint Needs, pendant ce temps-là, s'était mis en prière, aussi occupé d'obtenir du bon Dieu qu'il accordât quelque consolation au pauvre Barrius pour la peine qu'il venait d'éprouver, que de demander pardon à sa divine majesté.

Il n'avait pas terminé qu'il vit revenir Barrius tout joyeux lui annoncer que les deux poissons à peine entrés dans l'eau avaient repris la vie et qu'ils nageaient à qui mieux mieux dans la claire fontaine.

Saint Needs n'en avait pas demandé tant; il se confondit en témoignages de reconnaissance pour le bon Dieu, et voulut bien alors qu'on reprît un des poissons, et qu'il lui fût apprêté ; il le mangea , et comme d'ordinaire il ne continua pas moins ensuite de s'en trouver trois dans l'onde de la fontaine bénite [1].

VIII.

LES CERFS LABOUREURS.

Entre les grands bienfaits des moines, il faut compter la culture des terres.

Beaucoup de contrées fertiles aujourd'hui, où vous voyez des champs chargés d'épis , des prairies verdoyantes, des vignes fécondes, des chanvres à la haute tige , du lin à la fleur bleue, étaient des landes stériles, des marais infects lorsqu'ils en ont pris possession. C'est eux qui les ont défrichés, qui les ont mis en rapport, c'est à eux que nous devons en grande partie le·pain que nous mangeons et le vin que nous buvons.

Saint Needs, à une autre époque de la vie, lorsqu'il fut à la tête d'un monastère, pour subvenir aux besoins d'une communauté nombreuse, s'était mis à cultiver la terre. Or , il arriva que les bœufs dont le travail le faisait vivre, lui et ses moines, leur furent volés.

Privés de cet aide, ce semble indispensable, vont-ils se décourager ? Il ne faut jamais se décourager : le vénérable père le persuada à ses enfants, et tous ensem-

____

[1] Mabillon , *Actes des saints Bénédictins* , IVᵉ siècle 2ᵉ partie.

11

ble ils partirent pour aller dans les champs travailler de toute la vigueur de leurs bras.

Eh bien! pouvaient-ils se dire, ce que nos bœufs faisaient sans grande peine, nous le ferons peut-être à force de fatigue; n'en ferions-nous que la moitié, vaut mieux la moitié que rien du tout; là où nous aurions eu quatre-vingts boisseaux de blé nous en aurons quarante; vaut mieux quarante boisseaux que pas un seul, avec cela nous pourrons attendre, et qui sait ce qui peut arriver?...

Quand on fait ce que l'on peut, l'on fait toujours bien, le bon Dieu n'en demande pas davantage. Quand il est content, tout ne va-t-il pas pour le mieux? et à qui il vient en aide, il y en a toujours assez.

Les moines, leur bon vieil abbé à leur tête, allaient se mettre courageusement à l'ouvrage, quand de la forêt il sortit une troupe de cerfs, qu'ils virent s'approcher d'eux avec la plus douce familiarité.

C'était le fruit des mérites du saint abbé, personne n'en douta; pour lui à cette vue il adressa aux frères des paroles de consolation, et leur dit que le bon Dieu, certainement avait eu égard à la générosité de leur dévouement.

Des cerfs courbèrent la tête sous le joug et se laissèrent patiemment attacher à la charrue, et ils continuèrent pendant un espace de temps considérable à faire l'office des bœufs.

Les voleurs à la nouvelle de ce miracle, furent saisis d'un singulier effroi; ils ne tardèrent pas à venir se jeter aux pieds du saint abbé et à lui ramener les bestiaux dont ils s'étaient emparés, promettant de porter désormais de dignes fruits de pénitence, et de ne se diriger plus le reste de leur vie que par ses conseils et ses exemples.

Ainsi, par le charme de sa sainteté, il arracha les bœufs des mains des voleurs et les voleurs eux-mêmes des griffes du démon.

Le bruit se répandit que les cerfs qui s'étaient si miraculeusement assujettis à porter le joug restèrent marqués à la place où ils l'avaient porté d'une tache blanche et qu'ils la transmirent à leur postérité. On disait qu'on les reconnaissait encore à ce signe quatre cents ans après, au XIIe siècle, époque où écrivait l'auteur de la vie qui nous est restée de notre Saint.

Cet écrivain déclare ne pas vouloir se faire garant de cette rumeur populaire, mais il ajoute qu'il ne veut pas non plus assigner de bornes à la puissance divine. Je ne puis mieux faire que suivre son exemple.

La réputation toujours croissante de saint Needs attira près de lui le roi Alfred ; ce grand prince se conduisait souvent par ses conseils ; la partie de la Grande-Bretagne, conquise autrefois par les Anglo-Saxons devenus maintenant de fervents chrétiens dont il était le roi, était alors exposée aux incursions des Danois encore païens ; saint Needs lui prédit qu'il succomberait momentanément dans sa lutte incessante contre ses ennemis ; mais lorsque sa cause paraîtrait désespérée, il devait réussir et les vaincre, et recouvrer tous ses États.

Quand ces événements se réalisèrent, Alfred était prévenu, et peut-être dut-il aux avis de l'humble solitaire d'avoir toujours conservé , au milieu des revers, le courage qui les lui fit réparer si bien , qu'ils n'ont servi qu'à augmenter sa gloire et à jeter plus d'intérêt sur son règne.

Notre bon Saint alors n'était plus de ce monde : au milieu des concerts des Anges, il avait franchi avec joie le terrible passage qui l'avait conduit au séjour de la paix éternelle [1].

[1] Mabillon.

8ᵉ BOUQUET.

AGES DE FOI.

1.

SAINT ROBERT, LE LOUP, ET L'ENFANT RENDU A SA MÈRE.

Maintenant, vous êtes des enfants, vous grandissez, vous apprenez ; vos défauts, on les peut facilement corriger ; vos qualités, vous pouvez aussi les laisser perdre ; on ne sait pas ce que vous serez à vingt ans.

Vous grandissez : on ne sait pas si vous atteindrez une haute taille ou si elle restera petite ; vous apprenez · si vous étudiez, comme je l'espère, vous deviendrez des hommes instruits, mais on peut craindre que quelques-uns de vous n'étudient pas assez bien et qu'ils ne restent des ignorants ; on ne sait pas si vous laisserez corriger vos défauts, si vous conserverez vos qualités : vous donnez des espérances, c'est de vous ce que l'on peut dire de mieux.

De même aussi, aux époques où se sont passés les faits dont je viens de vous entretenir, les nations de l'Europe à peine converties au christianisme étaient comme des enfants ; on ne savait pas au juste ce qu'elles étaient, ni ce qu'elles deviendraient.

Maintenant les voilà devenues grandes et solidement chrétiennes. Un moment réunies dans une seule monarchie par Charlemagne, lorsqu'elles se sont démembrées sous les successeurs du grand empereur, il est resté entre elles le puissant lien d'une foi commune, d'une foi vive et respectée. L'Évangile est leur première loi ; et leur première autorité, l'Église du bon Dieu.

Il vint même un moment où tous les chrétiens firent cesser leurs différends, pour aller tous ensemble à Jérusalem reconquérir sur les infidèles le tombeau de Notre-Seigneur Jésus-Christ. C'est à cette époque de virilité, époque glorieuse entre toutes des Croisades, que nous nous transportons.

Dans le champ du père de famille, l'ivraie et le bon grain sont toujours mélangés ; au sein même de la chrétienté, sans compter les guerres du dehors, la lutte est toujours aussi vive que jamais entre les bons et les méchants. Cette lutte dure depuis le commencement du monde, depuis Caïn et Abel, elle durera jusqu'à la fin ; mais aux jours dont je vous parle les bons sont plus forts, parce qu'ils ont plus de courage et de foi, et les mauvais deviennent plus facilement bons, parce que rarement dans leurs cœurs la foi s'éteignait entièrement.

Savez-vous quel est le grand moyen des uns pour vaincre les ennemis du bon Dieu, pour les uns et les autres de se vaincre soi-même ; ce moyen est invariable : c'est de s'obliger à la perfection chrétienne dans l'état monastique.

La plupart des hommes sont destinés à vivre dans le monde, mais c'est au monastère qu'ils trouveront exemple, aide, offices, conseil dans toutes les circonstances difficiles de la vie.

Beaucoup de ces saintes maisons avec le temps se relâchent, mais il vient de nouveaux saints qui les réfor-

ment, qui en fondent de nouvelles; qui fondent des
ordres religieux pour tous les besoins de la société chrétienne : les Templiers et les Hospitaliers pour combattre,
les Cisterciens et les Chartreux pour prier, les Franciscains et les Dominicains pour prêcher.

A quinze ans, saint Robert, né en Champagne en
1024, avait renoncé à tous les avantages d'une noble
naissance pour entrer dans l'abbaye de Moutiers-la-
Celle, près de Troyes. Jeune encore, ses vertus l'avaient
fait élire abbé de celui de Saint-Michel-de-Tonnerre; mais
ne pouvant réussir à y rétablir la discipline, il abandonna
à eux-mêmes les mauvais moines qui l'habitaient, et se
retira dans un lieu désert où vivaient sept pauvres solitaires, et avec eux il fonda l'abbaye de Molesmes.

Tant que la nouvelle maison fut pauvre tout alla
bien, mais étant devenue riche par les dons qui lui furent faits, l'abondance y introduisit le relâchement. Avec
vingt et un des plus fervents religieux, saint Robert alla
alors fonder l'abbaye de Citeaux, et donna ainsi naissance à l'ordre des Cisterciens, qui bientôt après dut son
plus grand éclat et une extension prodigieuse à saint
Bernard.

Les religieux restés à Molesmes ne tardèrent pas à
être honteux d'avoir laissé partir leur saint abbé; ils firent si bien qu'ils l'obligèrent à revenir, et ce fut parmi
eux qu'en 1110 il termina saintement ses jours.

Parmi les nombreux visiteurs qui venaient y solliciter
de lui des remèdes pour les maux de l'âme ou du corps,
il se trouva une pauvre femme atteinte d'épilepsie.

La malheureuse avait deux petits enfants, elle était

seule pour les soigner, et, lorsque dans les attaques de
son mal, elle perdait connaissance, que ne pouvait-il
pas arriver à ses pauvres petits? Elle ne vit de ressources
que dans l'intercession de la très-sainte Vierge et les
prières de saint Robert ; elle partit pour Molesmes dans
l'espoir d'y obtenir sa guérison.

Elle emmenait ses deux enfants, il le fallait bien : à
qui les eût-elle laissés? L'un était porté sur ses bras,
l'autre à petits pas la suivait à ses côtés. La route était
longue ; elle arriva à grand'peine, comme le jour finis-
sait, à la porte d'un monastère, mais la règle défendait
d'y laisser entrer les femmes; et chercher un abri sous
les arbres d'un bois fut sa seule ressource.

Il s'y trouva heureusement un feu mal éteint, allumé
par des bergers ou des bûcherons ; la pauvre mère s'en
approcha, espérant, grâce à ce secours inattendu, que
le froid de la nuit ne glacerait pas trop ses chers
enfants.

Tranquillement assise auprès du brasier, elle était
plus occupée de leur procurer du repos que d'en prendre
elle-même, quand elle vit du côté opposé apparaître,
éclairé par la lueur du feu, la terrible figure d'un gros
loup. Elle n'eut que le temps de faire le signe de la
croix et d'invoquer la sainte Vierge et saint Robert, et
l'impression de frayeur qu'elle en eut, lui donna une
attaque de son mal et lui fit perdre connaissance.

Le loup, comme s'il eût épié ce moment, prit le plus
petit des enfants et il disparut.

Quel désespoir pour la malheureuse mère, lorsqu'elle
reprit ses sens et qu'elle ne vit plus dans ses bras le cher

nourrisson qu'elle y tenait si tendrement ; elle interrogea l'autre enfant : elle apprit la triste vérité.

Que faire? elle ne le savait ; mais au milieu de ses larmes et de ses gémissements, elle répétait : « Sainte Marie, rendez-le moi!... » Il lui semblait qu'en le disant, elle donnait un plus vif épanchement à sa douleur et que c'était un moyen de la soulager : ses pensées n'allaient pas plus loin.

Mais le bon Dieu l'avait entendu ; saint Robert et ses religieux priaient peut-être alors ; ils le faisaient au milieu de toutes les nuits. Le divin Sauveur, au nom de sa très-sainte Mère et de son serviteur, avait commandé à la bête cruelle de ne point faire de mal à cet enfant. Le loup reparaît, la lueur du feu qui l'éclaire ne lui donne plus rien d'effrayant ; il vient rendre un enfant à sa mère ; sa dent l'avait tenu sans lui faire aucune blessure grave, et n'avait laissé sur ses tendres chairs que tout juste assez d'empreinte pour conserver le souvenir du miracle.

La joie de la mère fut si grande, qu'elle aurait suffi seule, je le croirais, pour lui rendre à elle-même la santé. La recouvra-t-elle réellement par le mérite de saint Robert ? il y a lieu de le penser ; le bon Dieu n'aura pas voulu laisser son œuvre inachevée, mais l'histoire n'en parle pas ; son unique soin est de nous montrer cette mère tout occupée de rendre grâce au ciel et de trouver à qui raconter son bonheur [1].

[1] Surius, 29 avril.

II.

SAINT NORBERT REND JUSTICE A UN LOUP.

Issu de l'une des premières familles de l'Allemagne, fils de Héribert, comte de Sennep, descendant par Hedwige, sa mère, des ducs de Lorraine, parent de l'empereur Henri V, à la cour duquel il avait séjourné, Norbert était un jeune ecclésiastique auquel il avait été plus facile d'acquérir de la science que de prendre l'esprit de son état.

Un jour, seul avec un serviteur, il chevauchait monté sur un magnifique palefroi, fier de son riche habit de soie aux mille couleurs ; le ciel se noircit, le tonnerre gronde, l'éclair brille, enfin voilà une tempête épouvantable qui porte partout la désolation et l'effroi. Où fuir ? point de ferme voisine, point de refuge possible.

Le serviteur crie à son maître : « Seigneur, que faites-vous ? revenez, mon maître, revenez, la main du Seigneur s'appesantit sur vous. »

Les cris de ce serf-ignorant, l'histoire les compare aux paroles de l'âne de Balaam : c'était le serf qui criait, l'âne qui parlait, mais par leur bouche, c'était le Seigneur qui vainement voulut toucher le cœur de son prophète, qui toucha avec plus de succès celle du jeune seigneur.

La foudre tombe ; par la commotion, Norbert est renversé de son cheval, sans connaissance ; ses beaux habits de soie sont souillés de fange ; mais revenu de son étourdissement, il était un autre homme.

Il se revêtit d'un cilice ; il fit mieux encore , il changea de vie. Bientôt après, il se réfugia dans un monastère, et successivement fut le fondateur de l'abbaye et de l'ordre de Prémontré, évêque de Magdebourg et un grand saint.

Dans le temps qu'il résidait à Prémontré, deux reli-gieux du monastère étant allés un jour couper du bois dans la forêt, trouvèrent un loup tranquillement occupé à faire son dîner. Un jeune chevreau était le seul mets qui, sans aucun apprêt, eût été servi sur sa table. Maître loup s'en tenait satisfait ; à son avis, c'était un délicieux festin. Aussi, en voyant venir ses visiteurs, eût-il été fort disposé à s'appliquer le proverbe et à poser en droit : que nul ne doit déranger l'honnête loup qui dîne.

Toutefois, comme il n'était pas assuré que les bons moines en eussent fait un article de leur code et qu'il ne se sentait pas le plus fort, il jugea prudent , quoique bien à contre-cœur, en grommelant et en montrant les dents , de leur céder la place et de leur abandonner la table toute servie.

Quelle fortune pour la broche du monastère ! Le che-vreau à peine était entamé ; le frère cuisinier en fera son affaire ! Puis, n'était-ce pas de bonne prise ? Manger aux dépens d'un loup semble chose méritoire ! Ainsi, j'ima-gine, devaient s'entretenir les moines en reprenant joyeu-sement le chemin de l'abbaye.

Le loup, cependant, n'admettait pas cette jurispru-dence, et là où un saint devait être le juge, il pensait, autant qu'il pouvait penser, qu'il y aurait bonne justice, même pour les loups. Il suivit donc les ravisseurs et s'a-vança jusque dans la cour du monastère.

« Qu'est-ce que cela ? » s'écrie-t-on de toutes parts. « Au loup ! au loup ! où sont les chiens ?... Où y a-t-il des pierres, des bâtons ? Voici une trique !... »

A ce bruit, saint Norbert demande : « Qu'est-ce qu'il y a ? — C'est un brigand de loup ! Quelques-uns des Frères dans la forêt l'ont surpris dévorant un chevreau, et lui ont heureusement arraché cette proie ; le scélérat voudrait maintenant la reprendre, ou, à nos dépens, en saisir quelqu'autre de nouvelle ; mais s'il ne fuit bien vite, son affaire est claire, nous allons l'assommer ! — Attendez, » dit le saint, et il s'avança pour voir ce solliciteur de nouvelle espèce.

Le loup n'avait point une attitude hostile, il regardait de côté en inclinant la tête d'un air moitié suppliant et il agitait la queue, il se léchait les lèvres, comme un chien qui s'est vu enlever un os et ne désespère pas qu'on le lui rende.

Humble demande réussit mieux que fière arrogance. « Qu'on lui rende son chevreau, décida saint Norbert, » il lui appartient, il est nécessaire à sa légitime réfec- » tion [1]. »

Ce trait me rappelle une vieille tante qui par le charme de sa spirituelle simplicité dans l'humble réduit où des revers de fortune l'avaient obligée de se retirer, au fond d'un jardin de la rue Casette à Paris, attirait les visiteurs les plus élégants et les plus distingués.

C'était la meilleure créature du monde. Il n'est âme qui vive à laquelle ne s'étendissent ses tendres sympa-

[1] Boll., 6 juin.

thies. La mettait-on aujourd'hui dans l'abondance, le lendemain elle était retombée dans la pénurie. Elle avait tout partagé... avec les pauvres : oui ! mais chiens, chats, serins, chèvres, poules, lapins, etc. avaient eu aussi leur part au régal.

Les rats eussent été jaloux s'ils en avaient été exclus. En voyant la brèche qu'ils avaient faite au fromage ou dans le sucrier, la bonne vieille tante ne savait que dire avec son air de bonté fine, naïve et enjouée : « Il faut bien que tout le monde vive ! »

Des voleurs s'étaient introduits chez elle et lui avaient enlevé la meilleure partie de sa modeste argenterie; mais dans leur précipitation, ils avaient laissé quelques couverts inaperçus au fond d'un tiroir : « Les pauvres gens, disait-elle, ils n'ont pas tout pris ! »

Je l'ai vue porter sa commisération jusque sur le diable et ses supplices éternels : « Il est toujours méchant, » lui disais-je, « il est bien malheureux , reprenait-elle. »

Assurément, elle eût applaudi à la décision du bon saint Norbert, qui au loup restituait sa pâture : Ne faut-il pas que tout le monde vive, eût-elle répété.

III.

LE LOUP QUI RÉCLAME SON SALAIRE.

Bonne justice veut qu'à chacun il soit rendu ce qui lui est dû. Qu'au loup soit laissé sa pitance, mais que le loup rende la brebis qu'il a prise sans la permission du berger.

Un jeune berger chargé de la garde du troupeau de

l'abbaye de Prémontré n'avait pas de chien ! Que ferai-je, demanda-t-il, si le loup vient et m'emporte un mouton.

On lui répondit en riant qu'il commanderait au loup au nom de son maître, de ne pas l'emporter et de ne lui faire aucun mal.

L'occasion d'en faire l'épreuve se présenta plus tôt qu'il ne pensait. Comme il gardait son troupeau dans les champs, le loup arriva, et rapide comme l'éclair déjà il emportait une brebis.

Le jeune berger n'avait pas oublié le conseil; du plus loin qu'il aperçut le loup, il lui crie autant qu'il a de force : « Où fuis-tu, méchant voleur, pourquoi vas-tu si vite? Laisse cette brebis, coquin, laisse-la au nom de mon maître. Ne t'avise pas de l'emporter plus loin et ne lui fais aucun mal. »

Le loup à ces mots s'arrêta court et il déposa la brebis à terre. Le berger la chargea sur ses épaules, et la ramena saine et sauve au milieu de ses compagnes.

Était-ce ce loup-là ou un autre, je ne le sais; ce que je puis vous dire, c'est qu'une autre fois un jeune frère clerc de la maison étant à son tour à garder les bestiaux, vit pendant toute une journée un loup se tenir tranquille à peu de distance de lui, comme prenant plaisir à sa compagnie, et l'aidant à surveiller son troupeau, sans manifester l'ombre de mauvaise intention.

A l'approche de la nuit, l'heure de la rentrée venue, lorsque le frère donna le signal du départ, le loup se leva et en fit autant de son côté. Tout le soin que le frère dut prendre pour rassembler son troupeau, le loup le partagea. Y avait-il quelque retardataire, une vache qui portait trop pesamment sa mamelle pleine, il la pressait, un jeune veau qui tentait d'attraper encore quelque lampée d'herbe fraîche, il le ramenait sur son chemin.

De longtemps le troupeau n'était revenu aussi lestement et en si bon ordre à l'étable.

Bon service demande récompense, c'est une justice que nous devons proclamer puisque nous sommes sur ce chapitre. Tous les bestiaux bien et dûment attachés à leur crèche, et la porte de l'étable fermée, notre loup cependant avait été laissé dehors et personne ne paraissait plus faire attention à lui.

Ce n'était pas ainsi qu'il avait compté; il se mit à gratter à la porte, à gratter et regratter si bien que saint Norbert l'entendit.

« Pourquoi n'ouvrez-vous pas à cet hôte qui frappe? demanda-t-il.—Ce n'est pas un hôte; c'est un loup, lui répondit-on, un importun de loup qui ne veut pas s'en aller. »

Il paraît qu'après les avoir vus si bien adoucis par leur saint abbé, les religieux ne craignaient plus les loups de la forêt; ils se trouvaient seulement importunés de leurs visites.

Le saint demanda comment celui-ci était venu. Aucun des frères présents ne pouvait répondre. Le jeune clerc fut appelé; il n'avait osé raconter ce qui lui était arrivé, de crainte qu'on ne l'accusât de mensonge, mais interrogé il ne dissimula pas la vérité.

Il dit comment le loup l'avait abordé, avait passé la journée avec lui, l'avait aidé à ramener son troupeau, et qu'ils ne s'étaient séparés qu'à sa rentrée dans le monastère, lorsqu'il en avait fermé la porte.

A ce récit, l'homme de Dieu décida qu'il fallait donner satisfaction au loup : « Il a bien travaillé, il a droit à son salaire. »

On lui jeta quelques lambeaux de chair ; il les attendait pour son souper et il se retira satisfait.

Quelque temps après, des mains d'un enfant qui gardait des veaux, il accepta un morceau de pain.

« Que dire de cela, mes frères, s'écrie l'historien de saint Norbert, les bêtes sans raison s'adoucissent, elles obéissent aux hommes ; l'homme perdant la raison ferme l'oreille et n'observe pas ; il ne fixe pas les yeux sur celui qui les lui a données. Le misérable homme il n'écoute pas, parce que les voies de Dieu lui déplaisent. « Ainsi, l'homme de Dieu, en toutes manières, instruisait ceux qui étaient confiés à sa sollicitude pastorale [1]. »

IV.

L'HERMINE DU B. JOURDAIN DE SAXE.

Vous étudiez par devoir, chers enfants, et la récompense de votre application vous la trouvez dans les baisers de votre mère ; on vous répète que vous devez étudier, parce que le petit Jésus le veut ainsi, et la pensée de lui plaire devient pour vous une plus douce satisfaction encore.

Mais il faut en convenir, vous allez ainsi avec la grâce

---

[1] Boll., 6 juin.

du bon Dieu contre une pente qui vous est naturelle : si vous vous écoutiez, vous n'auriez de goût que pour le jeu, et vous voudriez que la récréation durât toujours.

Beaucoup d'hommes, quand ils sont grands, restent enfants par le caractère ; devenus leurs maîtres, ils ne croient pouvoir mieux faire que de réaliser ce rêve : s'amuser toujours !

Ce qui leur arrive, le voulez-vous savoir ?... Ils s'ennuient... c'est là leur punition.

C'est reconnu, les gens qui ne voudraient ne songer à rien qu'à s'amuser, ce sont ceux qui s'ennuient davantage.

Vous désirez du temps pour vous amuser, parce qu'il ne vous est donné qu'avec mesure. La satiété n'arrive pas jusqu'à vous. A eux, le temps leur est trop long, la vie leur est à charge ; ils continuent à rechercher le plaisir, non plus parce qu'ils y trouvent aucune satisfaction, mais pour passer le temps ; pour le tuer, disent-ils eux-mêmes.

Il y a des hommes plus sérieux, tout occupés d'affaires : ceux-ci veulent augmenter leur fortune, ceux-là parvenir aux honneurs. Les uns mettent tous leurs soins à sortir d'un mauvais pas, les autres à profiter d'une chance favorable. Les préoccupations des hommes de plaisir dont je viens de vous parler, des hommes qui n'ont d'autres soucis que de s'amuser, ils les traitent de jeux d'enfants, ils s'en moquent, et par là même ils se moquent ainsi de vous, pauvres petits. Ils se rient de l'attention que vous mettez à lancer une balle, à faire tourner une toupie.

En fin de compte, cependant, s'ils ne le font pas pour le bon Dieu, s'ils ne se proposent pas d'accomplir la grande loi du travail imposée à notre premier père, ou de subvenir aux nécessités de la vie présente pour eux et leur famille, en vue de la vie qui ne doit pas finir, qu'est-ce que c'est que leurs soins, leurs préoccupations, leurs veilles, leurs soucis à eux-mêmes, vrais jeux d'enfants ; vains amusements que la cloche, en sonnant leur agonie, vient interrompre aussi brusquement, qu'elle met fin à une partie de barres pour vous appeler aux sérieuses pensées de l'étude.

Les sérieuses pensées de l'homme sur la terre, de l'homme mûr comme du petit enfant, ce sont les pensées de l'éternité.

Tout d'ailleurs est bon, bon en son temps, bon, pourvu qu'on puisse l'offrir à Dieu, et qu'on le lui offre en effet.

Le bon Dieu veut que vous vous amusiez pendant le temps des récréations. Vos amusements pris selon l'ordre de la très-sainte volonté vous peuvent profiter pour le ciel. Ils ont donc beaucoup plus de valeur pour vous, de valeur réelle, que pour ce plaideur affairé que vous voyez passer là-bas, n'en aura jamais le gain d'un gros procès, parce qu'il tient autant à la terre que Caïn pouvait le faire.

Comment le bon Dieu nourrit ceux qui se sont donnés à lui, les protége, les glorifie, vous le savez. Mais soupçonneriez-vous que quelquefois le bon Dieu se charge même de les amuser ?

Saint Dominique, le fondateur des Frères Prêcheurs,

de son nom appelés aussi Dominicains, lorsqu'il s'en
alla au ciel, laissa sur la terre pour lui succéder dans le
gouvernement de son ordre un saint religieux, connu
sous le nom de frère Jourdain de Saxe. Se trouvant en
Suisse, il était allé voir l'évêque de Lausanne, qui avait
beaucoup d'affection pour lui. Comme il en revenait, le
long du chemin il parlait de Jésus avec le sacristain de
la cathédrale qui l'avait suivi, et les frères, dont il s'était
fait accompagner, marchaient à quelque distance en
avant.

Ils avaient vu passer sous leurs yeux une petite bête
blanche, svelte et agile, qui, rapide comme l'éclair,
s'était jetée dans un trou, et ils s'étaient arrêtés. Frère
Jourdain les rejoignit : « Que faites-vous là, » leur
demanda-t-il avec bonté. « Une charmante petite bête
blanche, » répondirent-ils, « est entrée dans ce trou. »

Condescendant à leurs désirs, le bon supérieur s'in-
clina et dit : « Sors d'ici, petite bête, que nous te
voyions. »

Aussitôt l'hermine, car c'en était une, montra à la
porte de sa demeure son museau fin et délié et ses pru-
nelles vives et perçantes; puis, déposant toute crainte,
vint sous les yeux étonnés des frères se remettre entre les
mains de l'homme de Dieu.

De l'une il lui souleva les pattes de devant, et plusieurs fois il lui passa doucement l'autre sur sa petite
tête et sur la riche fourrure qui lui servait de manteau ;
elle se laissa faire volontiers.

Lorsqu'ils s'en furent tous bien amusés : « Retourne
chez toi, » lui dit frère Jourdain, « et que Dieu ton

créateur soit béni. » Alors seulement elle disparut, les laissant tous ravis de l'élégance de ses formes et de la gentillesse de ses mouvements.

Le Bienheureux Jourdain dans la suite, en 1237, périt dans un naufrage avec deux religieux de son ordre comme il revenait d'un pèlerinage à Jérusalem. Cette mort ne le surprit point, il y était toujours préparé, elle ne fit que le conduire par une voie plus rapide au port du salut.

Son corps et celui de ses deux compagnons jetés à la côte furent reconnus entre beaucoup d'autres du reste des naufragés par un éclat lumineux qui se reposait sur eux, et lorsqu'on voulut les ensevelir, ils répandaient une odeur si suave, que les mains de ceux qui remplirent ce pieux devoir en furent longtemps parfumées [1].

V.

LE LIÈVRE SERVANT DE GUIDE.

Petite bergère, la bienheureuse Oringa commandait aux bœufs de son père de ne faire aucun dommage aux récoltes voisines, tandis qu'elle se retirait dans un coin pour prier, et toujours elle était obéie.

Jeune fille, elle fuyait les persécutions de ses frères qui voulaient la contraindre à se marier, sans tenir compte de l'engagement qu'elle avait pris avec le bon Dieu. Il vint en aide à la pauvre fugitive, et non content de faire des miracles pour lui conserver la vie et la liberté,

----

[1] Boll., 13 février.

il lui plut d'en faire pour lui procurer au milieu de ses peines une douce récréation.

Elle venait d'échapper à de grands dangers; elle avait traversé un fleuve à pied sec ; deux anges étaient intervenus pour la délivrer d'une terrible attaque du démon. Elle poursuivait tranquillement son chemin, tout absorbée par la prière et les yeux fixés au ciel. Insensiblement, sans y prendre garde, elle s'était engagée dans des sentiers détournés, loin des voies frayées. Le bon Dieu fit rencontrer sur ses pas une délicieuse prairie ; les plantes les plus variées, les fleurs les plus belles s'y pressaient à l'envi ; une ceinture d'arbres odorants l'encadrait dans un ordre admirable. La fraîcheur de la brise, un air embaumé eurent bientôt frappé les sens d'Oringa et attiré son attention sur les lieux charmants où elle était.

Chaque beauté qu'elle y voyait, les feuilles des arbres scintillant des reflets du soleil couchant, les ondulations de l'air doucement agité se dessinant en courbes gracieuses sur les tiges flexibles et fleuries qui tapissaient la terre, une fleur plus ravissante que les autres, devenaient autant de strophes du cantique adressé au Seigneur dans son âme enivrée. Toutes ses peines, ses douleurs, ses épreuves pour un moment avaient fui bien loin de son souvenir.

Pour accroître le charme, voilà que sous ses pas se présente, vif et alerte, un petit lièvre. Elle l'eût elle-même élevé qu'il n'eût pas été aussi confiant, aussi bien apprivoisé ; il va à elle, saute affectueusement sur son sein, et, courant légèrement devant elle, la réjouit et l'amuse par la gentillesse de ses bonds.

« Pourquoi ne prends-tu pas la fuite, pauvre petit, » lui disait-elle ; « et si je te prenais?... Je le pourrais, si je le voulais! Tu te crois en sûreté avec moi, et moi, je suis en proie à des craintes cruelles. »

La confiance de ce petit animal lui faisait faire de semblables retours sur sa position, obligée qu'elle était de fuir sa propre famille et de se confier uniquement dans le bon Dieu.

Le jour cependant touchait à sa fin; le crépuscule commençait à se voiler des ombres de la nuit ; Oringa ne savait comment retrouver son chemin au milieu des bocages qui, dans leurs replis sinueux, enveloppaient la prairie. Le lièvre alors lui servit de guide, en courant devant elle; il lui fit remarquer les sentiers qu'elle devait suivre, et il ne la quitta pas qu'il ne l'eût mise sur la route qui devait la conduire à Lucques.

Ses frères, pendant ce temps-là, avaient vainement continué de la poursuivre ; ils avaient perdu la trace de ses pas, et désormais, elle était au terme de cette épreuve. Gagée comme domestique, chez un habitant de la ville, riche et vertueux, elle attendit paisiblement dans cette humble position qu'il plût au bon Dieu d'employer autrement une vie que dans son cœur, elle lui avait déjà tout entière consacrée.

Ce ne fut que longtemps après que, ramenée dans son pays, elle y fut retenue miraculeusement, y fonda un couvent de pieuses religieuses et y mourut saintement en 1310 [1].

---

[1] Boll , 10 janvier.

VI.

SAINT ROCH ET SON CHIEN.

Est-il deux compagnons réputés inséparables, vous les comparez à saint Roch et à son chien : Pourquoi, êtes-vous en droit de me demander, saint Roch, dans ses images, est-il si habituellement accompagné de ce fidèle animal que leur association est devenue proverbiale? Son histoire va vous l'apprendre.

Cette histoire nous est parvenue accompagnée de beaucoup de circonstances d'une authenticité fort douteuse ; mais ce que je vais vous en raconter, appartient en substance au fond de vérité qu'elle renferme, au dire des meilleurs critiques [1].

Saint Roch était né, on le croit, à Montpellier, vers la fin du XIIIe siècle ou le commencement du XIVe, de parents nobles, riches et vertueux. Arrivé en Italie, dans un temps où une peste cruelle y exerçait ses ravages, il se consacra au service des pestiférés, successivement dans les villes d'Aquapendente, de Rome, de Plaisance.

Beaucoup de malades avaient dû la vie à ses soins; il en avait beaucoup guéri en faisant sur eux le signe de la croix. Dans l'hôpital où il s'était renfermé, Dieu permit qu'il fût lui-même gravement atteint de la contagion.

A la fin d'une journée pleine de fatigues, il s'était profondément endormi; à son réveil, il se trouva en proie aux ardeurs d'une fièvre dévorante, et à la cuisse gau-

---

[1] Boll., 16 août, t. II, p. 397.

che, il ressentait une si vive douleur, qu'elle lui faisait pousser les hauts cris.

Les corps des saints sont aussi sensibles que ceux des autres hommes, mais si la souffrance leur peut arracher des cris, elle n'ôte rien à la sérénité de leurs âmes, et saint Roch, dans l'intérieur de la sienne, remerciait le bon Dieu du mal qu'il lui envoyait.

Ces cris cependant pouvaient troubler les autres malades ; saint Roch le comprit, il demanda et obtint qu'on le mît dehors.

C'était une pitié, dans l'état où il était, de le voir couché au milieu de la rue, exposé à toutes les injures de l'air ; on voulut le reporter sur son lit, il s'y opposa de toute la puissance de sa charité.

Dans la crainte d'incommoder les malades, il était sorti de l'hôpital ; dans la crainte qu'il n'infestât la rue où il s'était réfugié, les habitants l'obligèrent de sortir de la ville. Ravi de s'en voir chassé, il se traîna sur un bâton avec beaucoup de peine, jusqu'à un bois peu éloigné, y trouva une petite hutte et s'y réfugia.

Naturellement, quand sa maladie par elle-même n'eût pas été mortelle, il devait y périr de faim et de misère ; mais le bon Dieu ne l'abandonna pas dans sa détresse.

Près de la hutte, il y avait une petite source d'eau vive, il y lava sa jambe, il y but et ce fut pour lui un premier soulagement.

A quelques centaines de pas, se trouvait le château d'un seigneur, nommé Gothard. Comme Gothard prenait son repas, un de ses chiens de chasse saisit un pain et s'enfuit. On n'y fit pas d'abord grande attention ; le lendemain, en pareille circonstance, la même chose arriva.

Gothard ressemblait à beaucoup de chasseurs, il aimait ses chiens jusqu'à la faiblesse; au lieu de s'en prendre à celui-ci de son avidité apparente, il reprocha à ses gens de ne lui avoir pas suffisamment donné de nourriture; ils protestèrent vainement du contraire : leur maître resta persuadé de leur faute.

Le troisième jour, comme ils tenaient à se disculper ils observèrent attentivement le chien, et lorsqu'il eut de nouveau saisi son pain, ils le suivirent.

Quel ne fut pas leur étonnement lorsqu'ils le virent entrer dans la hutte du bois, y aborder d'un air amical un malade qu'ils y voyaient étendu, et donner en lui apportant le secours, tous les signes de satisfaction dont le bon animal pouvait être susceptible.

Les hommes avaient abandonné le malheureux pestiféré, le bon Dieu avait inspiré à cette pauvre bête d'en avoir pitié. Qui de vous ne préférerait dans cette circonstance avoir été le chien de Gothard, plutôt que l'un des inhumains habitants de Plaisance?

Il n'est tel péril de mort que vous deviez jamais laisser sans secours aucun homme si humble qu'il vous paraisse. Il n'est point de peste qu'il faille toujours fuir hors celle du péché.

Gothard instruit de la nouvelle, courut aussitôt pour voir cet homme extraordinaire; frappé de son air d'humilité, de douceur, de patience, de cette sérénité qui brille dans les saints, il lui demanda qui il était, qui l'avait amené en ce lieu?

Le saint lui dit qu'il était atteint de la peste et par prudence engagea Gothard à se retirer.

Celui-ci d'abord se rendit à cet avis, mais se reprochant bientôt sa lâcheté, il revint déclarant au malade qu'il était résolu à ne pas l'abandonner.

Sa bonne action fut récompensée comme le bon Dieu récompense ceux qu'il aime davantage, il n'attrapa point la peste, mais entraîné par la sainte contagion du bon exemple, il quitta le monde et marcha lui-même dans les voies de la sainteté.

Saint Roch miraculeusement guéri à la suite de cet heureux événement, retourna dans son pays ; pris, sous les misérables vêtements qu'il portait, pour un espion, il fut mis en prison et mourut en apparence dans l'opprobre, mais il n'en fit son entrée que plus glorieuse au séjour du bonheur éternel.

A peine avait-il rendu le dernier soupir qu'il fut reconnu pour un saint ; on rendit de grands honneurs à son corps et élevé sur les autels son puissant patronage est principalement invoqué en temps de peste [1].

[1] Boll., 16 août ; Croiset, année chrét., 17 août.

9e BOUQUET.

AGES DE FOI. — SAINT FRANÇOIS D'ASSISE.

I.

AMOUR DES BREBIS ET DES PETITS AGNEAUX.

Saint François d'Assise, le fondateur des frères Mineurs ou Franciscains, et le premier de ces grands saints qui ont illustré le nom de François, venu des rapports que son père, riche marchand, entretenait pour son commerce avec la France, unissait à l'âme la plus simple, la plus candide, les plus sublimes élans d'amour pour le bon Dieu.

Toujours occupé de sa divine présence, il le voyait dans tous ses ouvrages; tout ce qu'il y apercevait d'excellence et de beauté était pour lui une occasion de le bénir. Une haute montagne, une riche vallée, un joli petit ruisseau, les grands arbres, les étoiles, la lumière, tous les spectacles de la nature excitaient chez lui des transports et des ravissements à la pensée du souverain auteur de toutes ces admirables choses.

Créature lui-même du bon Dieu, autorisé par une bouche divine à l'appeler mon père, il regardait toutes les autres créatures aussi comme les enfants de cet excellent père; à ce titre souvent il les appelait du nom de frères et de sœurs; il lui semblait dans toute la création ne voir qu'une immense famille dont il était le membre.

Il parlait avec compassion de ses sœurs les pierres, parce qu'on les foule aux pieds, touchante image du pauvre dans lesquels on ne respecte pas assez le caractère d'enfant de Dieu; il s'adressait avec enthousiasme à son frère le soleil, qui lui rappelait Jésus-Christ, le Verbe divin éclairant le monde de sa lumière sacrée.

Ce n'étaient là pourtant que des êtres inanimés. Quelle plus vive tendresse le bon saint ne devait-il pas reporter sur les créatures que Dieu a plus rapprochées de nous, en leur donnant comme à nous le sentiment et la vie !

Les petits agneaux, par-dessus tout, étaient l'objet de ses affections en souvenir de l'Agneau sans tache livré à la mort pour nos péchés, il lui arriva maintes fois lorsqu'on les conduisait à la boucherie, de les racheter pour conserver leur vie.

Comme il était dans le monastère de Sainte-Véréconde dans le diocèse de Gubbio, une brebis mit au monde un agneau. A peine le pauvre petit venait-il de naître qu'une vilaine truie le fit mourir sous sa dent cruelle.

Saint François à cette vue s'écria avec émotion : « Pauvre agneau, mon petit frère, cher innocent, qui nous représente si bien Jésus notre Sauveur ! Qu'elle soit maudite la bête impitoyable qui t'a donné la mort ! que nul des hommes ni des animaux ne mange jamais de sa chair exécrable ! »

La truie aussitôt tomba malade; elle mourut au bout de trois jours et son corps, jeté à la voirie, y resta longtemps comme un objet d'horreur auquel nul être vivant n'osa toucher.

Elle rappelait à tous que jamais impunément le plus fort abuse de sa force pour opprimer le plus faible.

Notre-Seigneur Jésus-Christ dit qu'il aimait ses brebis et qu'il en était aimé ; de même, ce bon saint François, qui semblait envoyé sur la terre tout exprès pour rappeler la grâce et la douceur du Fils de Dieu, était aimé de ces chers petits agneaux qu'il aimait tant.

Il passait un jour aux environs de Sienne, près d'un grand troupeau ; selon sa naïve habitude, il fit un gracieux salut ; aussitôt, aux yeux des bergers étonnés, les agneaux, les brebis, les béliers quittent leur pâture et accourent, s'élancent tout joyeux, entourent leur saint ami, fixent sur lui des yeux pleins d'amour et le comblent des plus tendres caresses [1].

Au monastère de Sainte-Marie-des-Anges ou de la Portioncule, il lui fut donné une brebis ; le bon saint l'accepta avec joie et prit plaisir à la dresser. Il lui enseigna à participer, autant qu'elle le pouvait, aux louanges du bon Dieu, à vivre parmi les Frères sans les troubler ; jamais aussi elle n'en recevait de mal.

Comme pénétrée des leçons de l'homme de Dieu, elle observait tout ce qu'il lui disait ; entendait-elle les Frères chanter au chœur, aussitôt elle accourait dans l'église, fléchissait les genoux en y entrant, poussait un doux bêlement devant l'autel de la sainte Vierge, comme si elle eût voulu la saluer.

Au moment de l'élévation, elle s'inclinait de nouveau

---

[1] Saint Bonaventure.

devant le corps de Jésus-Christ. Il semblait que le bon Dieu, en agréant les hommages de cette humble bête, voulût donner une leçon à tant de gens qui, en présence du plus saint des mystères, ne savent pas montrer plus de respect qu'on n'en devrait attendre naturellement d'un troupeau d'animaux sans raison.

Lors d'un séjour qu'il fit à Rome, en 1222, saint François était toujours accompagné d'un petit agneau. A son départ, il le donna à une noble et pieuse dame nommée *Jacoba*, c'est-à-dire Jacqueline de Settesoli, qu'il honorait de son amitié. Formé à l'école d'un si grand et si aimable saint, le gentil petit animal ne quittait pas sa maîtresse, la suivait à l'église, y demeurait paisiblement avec elle tant qu'elle y voulait rester.

Le matin, tardait-elle trop à se lever, le petit agneau venait de sa tête frotter les couvertures de son lit, se mettait doucement à bêler jusqu'à ce qu'il l'eût réveillée. Avertie par ses mouvements empressés et inquiets, elle comprenait que l'heure de la prière était venue. Aussi la pieuse femme avait-elle une singulière affection pour cet aimable disciple de saint François, devenu en quelque sorte à elle-même son maître [1].

II.

LES ALOUETTES, LES COLOMBES.

La tendre affection du bon saint François pour les créatures du bon Dieu, s'est manifestée en tant de traits,

[1] Saint Bonaventure.

tous plus charmants les uns que les autres, que je serais trop long, si j'entreprenais de vous les tous raconter.

De même que les agneaux, les petits oiseaux étaient pour lui l'objet d'une prédilection toute particulière, parce qu'ils lui offraient une plus parfaite image de l'innocence.

Il affectionnait les alouettes pour leur couleur gris cendré qui lui rappelait celle de l'habit de son ordre.

Il les montrait à ses disciples, s'élevant dans les airs et chantant dès qu'elles ont pris quelques grains. « Voyez, » disait-il avec joie, « elles nous apprennent à rendre grâces au Père commun, qui nous donne la nourriture, à ne manger que pour sa gloire, à mépriser la terre et à nous élever au ciel, où doit être notre conversation. »

Près d'un couvent qui portait le doux nom de Mont-Colombe, il y avait un nid d'alouettes huppées, dont la mère venait tous les jours prendre, de la main du serviteur de Dieu, ce qui lui était nécessaire pour se nourrir elle et ses petits.

Quand ils furent un peu plus grands, elle les lui amena. Il s'aperçut que la plus forte des petites alouettes piquait les autres et les empêchait de prendre la becquée ; cela lui fit une grande peine ; s'adressant à elle, comme si elle eût pu l'entendre : « Insolente et cruelle, » dit-il, « tu mourras misérablement et les plus avides animaux ne voudront point manger de ta chair. »

Effectivement, quelques jours après, elle se noya dans un vase où il leur mettait à boire ; on la jeta aux chats et aux chiens pour voir s'ils la mangeraient : pas un n'y voulut toucher [1].

Saint François aimait encore plus les tourterelles : vous allez en avoir la raison.

Un jeune homme en avait pris un grand nombre de sauvages qu'il portait à Sienne pour les vendre ; quand il rencontra notre saint, François considérant avec grande attention ces aimables animaux, lui dit :

« Bon jeune homme, donne-moi ces doux petits oiseaux ; les saintes Écritures leur comparent les âmes chastes, humbles et fidèles ; qu'ils ne tombent point en des mains cruelles qui les feraient mourir. »

Le jeune homme aussitôt comme inspiré de Dieu donna toutes ses tourterelles à saint François qui les pressa contre son sein et leur dit avec sa douceur habituelle :

« Mes petites sœurs, tourterelles simples, innocentes et chastes, pourquoi vous êtes-vous laissé prendre ? Moi, je vous sauverai de la mort, je vous ferai des nids, vous aurez des petits et vous multiplierez selon le commandement de notre commun Créateur. »

Il leur fit effectivement des nids dans son couvent de Bavacciano où il résidait alors. Aussitôt elles se mirent à pondre, elles eurent des petits, et toutes elles étaient si bien apprivoisées qu'à les voir venir familièrement dans les mains de saint François et de tous les frères, on les aurait prises pour de petites poules.

Laissées en liberté, elles n'avaient point cherché à s'enfuir, mais leurs petits devenus grands, saint François

[1] *Hist. de saint François*, par M. CHAVIN.

les congédia en leur donnant sa bénédiction, et alors seulement elles retournèrent dans leurs bois.

Quant au bon jeune homme, pour le récompenser, le saint lui annonça qu'il serait lui-même religieux dans cette maison et qu'il y servirait saintement le bon Dieu.

Cette prédiction dans la suite se vérifia de point en point [1].

III.

LE CHANT DES PETITS OISEAUX.

Le bon saint François qui aimait tant les petits oiseaux, aimait aussi beaucoup à les entendre chanter, mais chaque chose a son temps.

Arrivant dans un village nommé Sevumiano, il s'était mis à prêcher. Il y avait là beaucoup d'hirondelles qui tout en prenant dans les airs leurs ébats, en faisant et refaisant leurs replis sinueux couvraient sa voix par leurs gazouillements aigus. « Un moment de silence, mes petites sœurs, » leur dit-il ; aussitôt il fut obéi, et cet empire exercé sur ces agiles habitants de l'air contribua pour sa bonne part à réunir la foule autour de lui.

Tous les gens du village sortirent de leurs maisons et se rassemblèrent pour l'entendre. Ils furent si touchés de ses paroles qu'hommes et femmes tant qu'ils étaient, ne voulaient plus le quitter, mais le suivre partout où il irait.

Le serviteur de Dieu leur dit de rester chez eux, leur

[1] Fioretti di San Francesco.

13

promettant de réfléchir aux conseils qu'il devrait leur donner pour le salut de leurs âmes.

Au retour d'un voyage en Orient qu'il avait fait en 1220 pour visiter les lieux saints de Jérusalem avec l'espoir de convertir le prince infidèle, qui sous le nom de Soudan en était par malheur redevenu le maître, il traversait des marais aux environs de Venise. Beaucoup d'oiseaux ou perchés sur les branches des saules et des aulnes, ou cachés sous les plantes aquatiques faisaient entendre leurs ramages variés.

« Entendez-vous » dit le bon saint au religieux qui l'accompagnait, « mes petits frères les oiseaux, qui célèbrent leur Créateur, joignons-nous à eux, et au milieu de ce bocage nous chanterons notre office. »

Ils s'avancèrent, les oiseaux naturellement auraient dû s'envoler à leur approche; sans changer de place, ils continuèrent au contraire si bien leurs bruyants concerts, que le saint et son compagnon ne pouvaient s'entendre.

« Allons, mes petits frères les oiseaux, » reprit alors saint François, « cessez un peu de chanter que nous rendions à notre tour à Dieu les louanges que nous lui devons. »

Les hôtes des eaux et des bois se turent aussitôt et gardèrent respectueusement le silence jusqu'à ce que l'office fût terminé. « Chantez maintenant, mes petits frères, » s'écria leur saint ami; et aussi gaiement que jamais les joyeux concerts recommencèrent.

Chers petits oiseaux, comme ils étaient obéissants ! Sachez comme eux à la voix de vos parents, de vos maîtres, parler et vous taire quand il le faut, faire chaque chose à son heure, jouer, étudier et prier, chanter au besoin.

IV.

PRÉDICATION AUX OISEAUX.

Saint François venait tout transporté de ferveur de quitter les solitudes de l'Alverne, il passait entre Carmajo et Bevagno. Le chemin était bordé d'arbres, et une si grande quantité de petits oiseaux y étaient perchés que le bon saint en fut étonné.

« Attendez-moi ici, » dit-il à son compagnon « que j'aille prêcher mes petits frères les oiseaux, » et aussitôt il se mit en devoir d'adresser la parole à ceux d'entre eux qui étaient posés à terre.

Dans le même instant, autant il y en avait sur les arbres d'alentour, autant il en vint se joindre à ceux-ci devant lui. Au témoignage du frère Maxime qui était présent, il marchait au milieu d'eux; quelquefois le pan de son manteau les atteignait, ils ne bougeaient pas.

Il leur parla à peu près dans ces termes :

« Oiseaux mes petits frères, vous avez bien des obligations à Dieu votre Créateur, toujours et en tous lieux vous devez le louer, car il vous a donné la liberté de voler partout où vous le voulez; il vous a pourvus d'un double vêtement. Dans l'arche de Noé, il a réservé un couple de chacune de vos espèces, afin qu'aucune d'elles ne vînt à se perdre.

» Vous lui avez encore bien des obligations pour cet

élément de l'air dont il a fait votre partage ; voyez encore : vous ne semez point, vous ne moissonnez point et Dieu vous nourrit ; il vous donne les rivières et les fontaines où vous allez boire ; il vous donne les montagnes et les vallées qui vous servent de refuge, et ces grands arbres pour y aller faire vos nids.

» Vous ne savez pas non plus ni coudre, ni filer, et le bon Dieu vous vêtit vous et vos petits. Il est donc vrai que votre Créateur vous aime bien, puisqu'il vous comble de tant de bienfaits. Gardez-vous donc, chers petits frères, de jamais être ingrats. Louez, louez toujours le bon Dieu autant que vous en êtes capables. »

Pendant que saint François parlait, ces petits oiseaux ouvraient le bec, tendaient le cou, levaient les ailes, inclinaient la tête, par tous les mouvements, par de doux petits cris, témoignaient du plaisir que le bon saint leur faisait.

Saint François lui-même était tout ravi et tout transporté de joie à la vue de cette multitude de petits oiseaux, il admirait la variété de leurs plumages, il était touché de leur attention et de leur familiarité, et la joie de son âme s'épanchait en pieuses louanges en l'honneur du Créateur.

Il fallait pourtant se séparer, le serviteur de Dieu fit le signe de la croix et congédia les petits oiseaux. On les vit alors s'élever tous en l'air en chantant d'une manière ravissante, et prenant la forme de la croix que saint François traça sur eux en les bénissant, ils se divisèrent en quatre bandes qui se dirigèrent vers les quatre points cardinaux, l'une au nord, l'autre au midi, les deux autres à l'orient et à l'occident, et chaque bande en s'éloignant continuait de chanter.

Ces petits oiseaux étaient l'image des frères mineurs qui fondés par saint François devaient prêcher la croix de Jésus-Christ dans les quatre parties du monde.

Comme les petits oiseaux des champs, les bons frères ne possèdent rien en propre, mais remettent chaque jour entre les mains du bon Dieu, le soin de les nourrir et de les pourvoir de toutes les nécessités de la vie.

V.

LE LOUP CONVERTI.

Les cœurs les plus durs ne sont pas ceux des bêtes sauvages, saint François put par un miracle apprivoiser un loup féroce ; il faudrait souvent plus qu'un miracle pour adoucir un homme méchant, voir même un méchant enfant. Oui, j'aimerais mieux avoir affaire à un loup qu'à un méchant enfant, quand il s'obstine à ne rien faire pour devenir meilleur, parce qu'il est à craindre qu'il ne devienne un méchant homme.

Ce furent tous les loups d'une contrée dont saint François une fois apaisa la fureur ; réunis en grand nombre ils étaient pour elle un terrible fléau ; faites pénitence, dit saint François aux habitants de ce pays, et je vous délivrerai des loups. Ils firent pénitence et les loups ne leur firent plus aucun mal.

Mais écoutez une histoire plus merveilleuse encore.

Saint François habitait depuis quelque temps la petite ville de Gubbio. Il y avait alors dans le pays un grand loup qui en faisait l'effroi par sa force et sa férocité. Ce n'était pas assez pour lui de dévorer les animaux; des hommes aussi à l'occasion, il faisait impitoyablement sa proie, et malheur au petit enfant qu''il eût rencontré.

La terrible bête venait rôder jusqu'aux portes de la ville, et personne n'osait en sortir s'il n'était pas bien armé. Avec des armes mêmes, un homme seul n'était pas assuré de pouvoir se défendre.

Saint François eut compassion de ces pauvres gens, il résolut d'aller trouver le loup : « N'y allez pas, mon père » lui criaient les habitants de la ville, effrayés de sa témérité ; mais inaccessible à la crainte, il fit le signe de la croix, mit sa confiance dans le bon Dieu, avec quelques-uns de ses compagnons il sortit de la ville et se dirigea du côté où il supposait devoir trouver le cruel animal.

Les habitants de la ville réunis en grand nombre l'observaient de loin curieux de voir ce qui allait arriver. Ils ne tardèrent pas à apercevoir le loup qui, la gueule béante, s'avançait comme prêt à s'élancer sur une nouvelle proie.

Le saint avança lui-même à quelques pas, fit de nouveau le signe de la croix, l'appela et lui dit : « Frère loup, viens ici ! Je te commande au nom de Jésus-Christ de ne faire de mal à qui que ce soit. »

A peine saint François avait-il fait le signe de la croix, que le loup avait fermé son horrible gueule et suspendu sa course. Obéissant à l'ordre qui lui était donné, avec la douceur d'un agneau et comme le chien le plus docile, il vint se traîner aux pieds du serviteur de Dieu.

« Frère loup, » reprit le saint, « tu as fait beaucoup de mal dans le pays, tu es coupable de beaucoup de détestables actions. Tu as détruit et mis à mort les créatures du bon Dieu sans sa permission. Il ne t'a pas suffi de dévorer les bêtes, tu as eu l'audace de tuer les hommes faits à son image, scélérat de voleur, misérable homicide, tu mériterais d'être pendu. Ne vois-tu pas qu'il n'y a personne dans le pays qui ne te déteste; il n'y a pas un de ses habitants qui ne soit devenu ton ennemi. Mais moi, frère loup, je viens faire ta paix avec eux : désormais, tu ne leur feras plus de mal et ils te pardonneront tout celui que tu leur as fait. Ni les hommes ni les chiens ne te poursuivront plus. »

A ces paroles, le loup par les mouvements de sa queue, de ses yeux, de ses oreilles, en baissant la tête témoigna accepter ces conditions.

« C'est bien, » ajouta le saint « puisque tu veux bien, frère loup, accepter ces conditions de paix et les observer fidèlement, moi, je te promets de te faire nourrir par les habitants de ce pays, et tant que tu vivras, tu n'auras plus à souffrir de la faim.

» Je sais bien que c'est la faim qui t'a poussé à faire tout ce que tu as fait.

» Mais pour que je t'accorde cette grâce, frère loup, je veux que tu me promettes expressément que tu ne feras plus de mal ni à quelque personne, ni à quelque animal que ce soit. Me le promets-tu? »

Le loup par ses mouvements témoignait autant qu'il le pouvait qu'il accédait à tout.

« Frère loup, je veux que tu me donnes un signe de

cette promesse » reprit saint François, puis il tendit la main et le loup lui donna la patte.

« Maintenant, frère loup, » continua le saint, « au nom de Jésus-Christ, je t'ordonne de me suivre afin qu'au nom de Dieu nous allions confirmer ce traité de paix. »

Le loup obéissant le suivit comme l'aurait fait un petit agneau, et les habitants de la ville témoins de toute cette scène ne pouvaient assez s'en émerveiller ; ils accoururent tous hommes et femmes, grands et petits, jeunes et vieux, pour voir le loup et saint François.

Lorsque toute la population fut réunie, saint François en profita pour leur faire une vive allocution.

Il leur fit comprendre comment le bon Dieu à cause des péchés des hommes permettait de semblables fléaux. « Mais prenez-garde » ajoutait-il, « les flammes de l'enfer destinées à durer éternellement pour les damnés sont bien autrement à craindre que la fureur d'un loup, qui après tout ne peut tuer que le corps. »

» Combien donc ne faut-il pas redouter la gueule de l'enfer, puisque vous tous si nombreux que vous êtes, vous aviez si grand peur de la gueule d'une pauvre petite bête ! Revenez donc à Dieu, ô mes bien chers frères, faites pénitence de vos péchés et Dieu vous délivrera à présent de la dent du loup et du feu éternel un jour. »

Le sermon fini, saint François reprit la parole en ces termes :

« Écoutez, mes frères, frère loup que voici devant vous m'a promis et m'en a donné le gage, de faire la paix avec vous, et de ne jamais vous faire aucun tort en quoi que ce soit ; promettez-lui de votre côté de lui donner chaque jour les choses nécessaires à sa subsistance. Si vous le promettez, je me porte garant qu'il tiendra lui-même fidèlement sa promesse. »

Tout le peuple d'une commune voix ayant promis de nourrir le loup. Saint François à la vue de tous lui dit encore :

« Frère loup, me promets-tu d'observer les conditions de ce traité de paix, de ne plus faire de mal, ni à aucun homme, ni à aucun animal, ni à quelque créature que ce soit ? »—Le loup fléchit le genou, baissa la tête, et par son expression de douceur, par les mouvements de sa queue, de ses yeux, de ses oreilles témoigna autant qu'il le pouvait qu'il était disposé à faire tout ce qu'on lui demandait. »—« Frère loup, en dehors de la vallée, tu m'as donné un gage de ta promesse; donne-le moi de nouveau en présence de tout ce peuple, afin que l'on voie que j'ai pu avec assurance m'engager pour toi. »—Le loup leva la patte droite et saint François la prit dans sa main.

Il est impossible de décrire la joie et les transports d'admiration de tout le peuple; c'était à qui célébrerait le mieux l'ardente piété du saint, la nouveauté d'un semblable miracle, le traité de paix conclu avec le loup.

Le ciel retentit de louanges, de bénédictions pour le bon Dieu qui avait envoyé dans ce pays un homme comme saint François.

Notre loup vécut encore deux ans, on le voyait journellement entrer et sortir des maisons de Gubbio, y recevoir la nourriture que chacun s'empressait de lui donner. Jamais il ne faisait de mal à personne; personne ne lui en faisait, les chiens même le respectaient, n'aboyaient pas après lui.

Frère loup, lors de sa conversion n'était plus jeune, au bout de deux ans, comme je vous l'ai dit, il mourut de vieillesse, ce fut une grande douleur dans le pays, car en le voyant si paisiblement parcourir la ville et les environs, il n'était personne qui n'eût toujours présente la vertu et la sainteté de saint François [1].

[1] Fioretti.

10ᵉ BOUQUET.

ENFANTS ET IMITATEURS DE SAINT FRANÇOIS. — TRANSITION AUX TEMPS MODERNES.

I.

SAINT ANTOINE DE PADOUE PRÊCHE LES POISSONS.

Saint François, lorsque consumé de l'amour du bon Dieu, qui l'a fait comparer à un séraphin sur la terre, il s'en fut allé prendre sa place parmi les chœurs de séraphins célestes, laissa des héritiers de son esprit de pauvreté et d'amour, il en laissa dans sa famille religieuse, et en dehors même de l'ordre qu'il avait fondé, cet esprit eut de saints imitateurs.

En recueillant cependant ce précieux héritage, chacun l'administra, s'il m'est permis de parler ainsi, selon la trempe personnelle de son caractère ; ainsi vous ne trouverez plus dans saint Antoine de Padoue dont je vais d'abord vous parler, une affection aussi candide pour toutes les créatures du bon Dieu, mais il les tiendra également à ses ordres pour apprendre aux hommes comment ils doivent écouter sa divine parole, comment ils doivent respecter ses adorables mystères.

Issu d'une noble et illustre famille du Portugal, Ferdinand Martin de Bulhan sous le nom d'Antoine avait pris le pauvre habit de saint François. Savant docteur, le plus grand orateur de son temps, il avait essayé de mener une vie obscure et ignorée, mais le bon Dieu l'avait fait connaître et du vivant même du saint fondateur de son ordre qui l'appelait son vicaire, il avait rempli le monde de son nom.

Quoique les temps que nous avons appelés les âges de foi durassent toujours, l'ennemi, c'est-à-dire le démon, ne se lassait pas de semer l'ivraie dans le champ du père de famille, il y avait beaucoup d'hérétiques mêlés parmi les bons chrétiens.

Ils ne voulaient pas croire à la parole du bon Dieu, l'aimer et le servir comme il commande de le faire : suivant les lieux, on les appelait Vaudois, Albigeois, Patarins, Cathares, etc.

Saint Antoine prêchait à Rimini, ville de la Romagne et ces malheureux ne voulaient même pas l'écouter. Pour les décider à lui prêter l'oreille, le saint prédicateur avait heureusement des moyens contre lesquels ils n'avaient pas songé à se mettre en garde.

Il s'en alla à l'extrémité de la ville au lieu où une petite rivière nommée la *Marrechia* se jette dans la mer. Là il fit un appel aux poissons de la mer et du fleuve et les invita à venir entendre célébrer les louanges de leur Dieu, puisque les hommes dont le premier devoir est de le glorifier restaient sourds à la voix de son ministre.

Quelques personnes avaient suivi de loin saint Antoine avec la disposition peut-être de trouver dans ce qu'il ferait quelque sujet de le tourner en dérision.

Quel fut leur étonnement quand ils entendirent le saint parler ainsi aux poissons ; et ils ouvrirent de grands yeux pour voir ce qui allait arriver.

Tout à coup on vit les eaux bouillonner et des poissons de toute sorte accourir en si grand nombre que jamais personne n'en avait tant vus.

Ils se rangèrent dans un ordre admirable, chacun avec ceux de son espèce, les plus petits en avant, ceux de moyenne grandeur au milieu, les plus grands en arrière.

C'était vraiment joli de voir toutes leurs têtes briller au-dessus de l'eau avec une infinie variété de forme et de couleur; il eût semblé un tapis semé de pierres précieuses.

Quand ils furent tous réunis, disposés en demi cercle et immobiles à leurs places, saint Antoine prit un ton solennel et leur dit :

« Mes frères les poissons, vous êtes tenus de rendre de grandes actions de grâces à votre Créateur qui vous a donné pour habitation ce noble élément de l'eau. Selon qu'il vous plaît davantage, vous avez ici à choisir entre l'eau douce et l'eau salée; de nombreux refuges vous sont partout préparés contre les tempêtes; vous pouvez parcourir ces eaux claires et limpides et vous y trouvez la nourriture dont vous avez besoin.

» Aux jours de la création, le bon Dieu vous ordonna de croître et de multiplier et vous donna sa bénédiction. Quand vint le déluge, de toutes les créatures vous fûtes les seules qui n'eurent pas à souffrir une destruction presque générale.

» Voyez, il vous a donné ces nageoires avec lesquels sans peine et sans fatigue, par de doux et souples mouvements vous vous transportez partout où il vous plaît.

» C'est à vous par le commandement de Dieu qu'a été confié le soin pendant trois jours de conserver le prophète Jonas, et de le rendre ensuite à la terre sain et sauf.

» Lorsque Notre-Seigneur Jésus-Christ vivait dans ce monde où il s'était fait si pauvre qu'il n'avait pas de quoi payer le tribut auquel tout habitant de la Judée était soumis, ce fut de l'un de vous qu'il tira la pièce de monnaie dont il avait besoin.

» Après sa résurrection, par une préférence mystérieuse, c'est votre chair que ce roi de la gloire éternelle a daigné choisir pour en manger. Voyez combien vous êtes tenus de louer, de bénir Dieu pour tant de bienfaits que les autres créatures n'ont pas eue à votre égal. »

Pendant que saint Antoine disait ces choses et d'autres semblables, tous ces poissons ouvraient la bouche, inclinaient la tête, chacun à sa manière donnait tous les signes d'adhésion et de respect dont ils étaient susceptibles, et Dieu ainsi était glorifié.

Saint Antoine à cette vue transporté de joie et saisi d'inspiration, s'écria d'une voix plus haute : « Béni soit le Dieu éternel, parce que les poissons des eaux lui rendent plus d'honneur que ne font les hérétiques et des animaux sans raison écoutent mieux sa parole que ces malheureux infidèles. »

Plus le saint parlait et plus le nombre des poissons augmentait, on les voyait venir de toutes parts et aussitôt qu'ils avaient pris leur place ils ne bougeaient plus.

Bientôt la nouvelle de ce miracle se répandit dans Rimini et tous les habitants de la ville catholiques et hérétiques se precipitèrent en foule autour de saint Antoine, et voyant une si grande merveille ils se jetaient à ses pieds pour entendre sa parole.

Il se mit donc à leur expliquer la foi catholique avec tant de puissance et de conviction que les hérétiques abjurèrent, les libertins changèrent de vie, et les fidèles transportés de joie se sentirent raffermis dans leurs croyances.

La tâche était remplie, le but atteint. Saint Antoine bénit les poissons et leur permit de se disperser. Ils le firent en bondissant à qui mieux mieux, pour témoigner de leur joie, et les habitants de Rimini non moins joyeux et contents regagnèrent leurs demeures, bien résolus désormais de ne rien perdre s'il leur était possible des paroles d'un si grand saint [1].

II.

MULE PROSTERNÉE DEVANT LA TRÈS-SAINTE EUCHARISTIE.

Je vous ai dit que le miracle des poissons avait converti les hérétiques de Rimini, il était cependant resté quelques entêtés qui probablement n'y étaient pas présents, le pire de tous nommé Bonvilli se permit de dire :

« Bah ! qu'est-ce que c'est quelques poissons qui par hasard se sont trouvés sur l'eau, et ils ont pris cela pour un miracle, « pour moi, » ajouta-t-il, parlant à saint

[1] Fioretti ; E. DE AZEVEDO, *Vie de saint Antoine.*

Antoine, « je croirai si je vois ma mule se mettre à genoux devant votre hostie consacrée. »

Ce malheureux refusait de croire à la présence réelle de Notre-Seigneur Jésus-Christ dans la très-sainte Eucharistie.

En entendant ses blasphèmes, saint Antoine fut saisi d'un mouvement d'horreur. Il s'agissait néanmoins de sauver l'âme de cet homme et peut-être de beaucoup d'autres, et avec l'inspiration de Dieu, le saint n'hésita pas et accepta l'épreuve.

Le jour en fut fixé; les hérétiques se réjouissaient déjà du succès, les catholiques tremblaient à la pensée d'une chose aussi extraordinaire. Que faisait saint Antoine?... il priait jour et nuit, il jeûnait, et à ces conditions il ne doutait point de l'assistance du bon Dieu.

Le jour venu, après avoir dit la sainte messe, il prit le très-saint Sacrement en compagnie des religieux de son couvent, il le porta respectueusement sur la place publique où le peuple attendait avec anxiété devant la maison de Bonvilli.

Cet impie arriva d'un air moqueur avec sa mule. Depuis trois jours il ne lui avait pas donné à manger afin qu'elle se jetât plus avidement sur l'avoine qu'il lui présenta dans ce moment en présence même du très-saint Sacrement.

Saint Antoine avait déjà adressé à la foule quelques mots de ferme exhortation pour la rassurer. Quand la mule parut, d'une voix haute il l'appela en lui commandant de s'incliner devant son Créateur, caché sous les espèces sacramentelles.

Le pauvre animal à cette voix ne sut qu'obéir, et dédaignant la pâture qui lui était offerte, on le vit, à la stupéfaction générale, plier les genoux, tomber devant la sainte hostie et rester prosterné jusqu'à ce que saint Antoine eût triomphalement remporté dans l'église cette hostie sacrée.

Si Bonvilli eût résisté encore, il eût été plus stupide que sa mule ne le fut jamais, il eût été plus entêté qu'on accuse cet animal de l'être. Malheureusement il y en a, ils sont trop nombreux, qui plutôt que de croire au bon Dieu, la vérité même, plutôt que d'aimer le bon Dieu la bonté même, résistent à toutes les grâces, à tous les miracles, résistent à l'évidence.

Bonvilli ne fut pas de ce nombre, il abjura ses erreurs, il fit pénitence le reste de sa vie, et lorsqu'il mourut il laissa les espérances les plus consolantes sur le salut de son âme.

Saint Antoine continua avec non moins de succès le cours de ses prédications, et couronna, par une mort admirablement sainte, une carrière rapidement remplie des merveilles de l'éloquence humaine et de la grâce divine [1].

III.

LA TRUITE DE SAINT FRANÇOIS DE PAULE.

Le fondateur de l'ordre des Minimes, saint François de Paule peut à bon droit être considéré comme l'un des héri-

---

[1] *Vie de saint Antoine*, par Em. DE AZEVEDO.

tiers du séraphin d'Assise dont il portait le nom. Il dut
la naissance à son intercession, il se perfectionna à la
vertu dans un couvent de son ordre, et vous retrouverez
dans le trait que je vais vous raconter, quelque chose
de la simplicité qui donne tant de charme à la vie du
premier des saints François.

Retiré à quatorze ans sur des rochers au bord de la
mer, dans la solitude la plus sauvage et la plus inaccessible qu'il avait pu trouver dans la Calabre son pays,
saint François de Paule avait rencontré promptement
des imitateurs de son genre de vie; âgé seulement de
19 ans, il avait cédé aux instances de trois bons jeunes gens, et leur avait fait bâtir trois cellules et une
petite chapelle; successivement il admit de nouveaux
compagnons.

Sur la roche aride où il avait mené si jeune la vie d'ermite et où maintenant il s'agissait de commencer la construction d'un monastère, il n'y avait pas le plus petit filet
d'eau; autant il en était besoin, autant il fallait en aller
bien loin chercher en descendant péniblement des rochers
abruptes; il fallait ensuite les remonter avec plus de travail encore.

Un des ouvriers dévoré de la soif s'en plaignait en
termes amers à l'un des compagnons du saint qu'il
maudissait sans ménagements pour les avoir appelés à
travailler en de tels lieux.

Saint François terminait en ce moment son oraison :
d'un air riant il s'approcha de cet homme irrité et lui
dit :

« Par charité, » mon frère, « ne vous troublez pas,

avec la grâce de Dieu vous aurez de l'eau sans être obligé de descendre. »

L'ouvrier prenant ces paroles pour une dérision, répondit que l'on ferait bien mieux de leur donner quelque soulagement.

« Non, vous n'êtes pas méchant, » reprit le saint, « allez! à l'instant même, je vais vous procurer de l'eau. »

Il frappa le rocher de son bâton et il en jaillit une source qui depuis n'a pas cessé de couler.

Un bassin avait été creusé pour recevoir l'eau et permettre de la puiser ; un jour saint François y jeta une truite ; on la lui avait donnée morte ; dans cette eau miraculeuse, elle reprit une nouvelle vie et devint si familière, qu'au nom d'*Antonella*, c'est-à-dire d'Antoinette que lui donna son maître, elle ne manquait jamais d'accourir d'un air vif et joyeux ; elle se laissait passer la main sur la tête et mangeait les miettes de pain qu'on lui jetait.

Il arriva qu'un prêtre de la ville de Paule, je rougis pour lui et pour le caractère dont il était revêtu, d'une pareille bassesse, ayant remarqué dans le bassin ce poisson dont tout le monde s'amusait et que personne ne songeait à manger, jugea que le mieux avisé serait celui qui en tirerait le seul usage auquel il le croyait bon. J'aime à croire qu'il ignorait le miracle auquel cette innocente bête devait la continuation de sa vie.

Venir au bord de la fontaine, y jeter des miettes de pain, attirer la truite, la prendre, l'emporter n'eut rien de difficile.

Il était plus difficile de tromper celui auquel le bon Dieu révélait ses secrets. Saint François envoya un des frères réclamer le poisson chez l'auteur même du vol.

Tout mauvais cas est niable, le prêtre coupable répondit impoliment et nia le fait.

Le frère lui fut renvoyé une seconde fois avec ordre de lui dire : que la preuve qu'il avait volé la truite, c'est qu'il venait de la faire cuire pour la servir sur sa table, où il se proposait.de la manger, et qu'il lui était enjoint de la restituer aussitôt, sinon qu'il lui arriverait quelque malheur.

Honteux de se voir véritablement reconnu, touché de repentir, le coupable avoua sa faute, se jeta au pied du frère en demandant pardon, et lui dit de faire de la truite ce qu'il trouverait bon.

La pauvre truite avait été coupée en morceaux qui nageaient dans la sauce; rassembler les morceaux et les porter à son maître, était tout ce qu'il fut possible au frère de faire de mieux.

« Ma pauvre *Antonella*, » dit saint François parlant à la truite comme si elle eût été vivante, « dans quel état te voilà. C'est la punition de ta gourmandise. Si tu n'avais pas si avidement saisi ces miettes de pain, cela ne te serait point arrivé. Que cela t'apprenne à être plus réservée! Au nom du Seigneur, reprends la vie! »

A ces mots, il rejeta dans la fontaine les morceaux de poisson qu'il tenait dans la main, et la truite reparut plus vivante que jamais. Elle vécut tant que le saint conserva lui-même la vie.

Lorsque la nouvelle de sa mort vint de France où à

la sollicitation de Louis XI, il était allé terminer ses
jours, comme la truite ne paraissait plus, on en conclut
qu'elle avait dû cesser de vivre en même temps que son
saint protecteur.

Quant au prêtre gourmand, il était venu solliciter du
saint un plus ample pardon, et pour toute peine lui
avait entendu répéter en riant : « Le bien d'autrui ne
profite jamais à celui qui l'a pris injustement [1]. »

IV.

SAINT FRANÇOIS DE SALES ET LES PETITS OISEAUX AFFAMÉS.

Les merveilles que je vous raconte, que sont-elles,
sinon la réalisation des promesses du Sauveur et la récompense d'une foi qui ne sait pas hésiter?

Dans ces temps de foi, quoiqu'à un moindre degré,
les peuples croyaient comme les saints. La vue d'un miracle les portait à des pensées d'amour, d'admiration,
de confiance pour le bon Dieu ; elle leur faisait faire
d'heureux retours sur eux-mêmes, elle n'excitait pas
l'ébahissement ni une niaise stupéfaction comme s'il se
fût agi de quelque chose jusque-là réputée impossible.

Ils savaient qu'il n'est rien d'impossible au bon
Dieu.

Venait le temps néanmoins où la foi allait s'affaiblir.
Il n'y avait pas longtemps que saint François de Paule
mort en 1507 était passé à une meilleure vie, lorsque
Luther, un moine apostat, entraîna la moitié de la

____
[1] Boll., 2 avril.

chrétienté dans l'hérésie. Il se forma une multitude de sectes qui n'eurent de commun que leur rupture avec l'Eglise du bon Dieu, et le nom de protestants donné indifféremment à tous leurs adeptes.

Parmi beaucoup de chrétiens restés strictement fidèles, la foi n'eut plus ce caractère de confiance et d'abandon absolu que des enfants doivent avoir pour leur père tout-puissant.

A ces chrétiens parlait-on d'un miracle, au lieu de s'enquérir seulement de la vérité du fait et ensuite de se réjouir comme des enfants auxquels on annonce la présence de leur père; au lieu d'aimer, d'adorer, de prier ,ils demandaient pourquoi?

Pourquoi comme ceci? Pourquoi comme cela? Est-ce bien raisonnable? Est-ce bien utile?

Commander aux animaux sauvages, aux oiseaux de l'air, aux poissons de la mer, commander à la vie, commander à la mort, tout cela n'importe véritablement aux hommes que pour le profit qu'ils en retirent, par rapport à la grande affaire du salut.

Les saints quand ils trouvèrent en leur présence des gens peu disposés à profiter de ce genre d'enseignement, y recoururent beaucoup moins, et pour le bon Dieu il était aussi facile d'accorder directement à leurs paroles le don de toucher les cœurs. Je veux vous dire quelques mots d'un autre saint du nom de François qui eut ce don précieux au suprême degré.

Saint François de Sales, par l'ardente simplicité de son amour pour le bon Dieu, par la disposition tendre et affectueuse qu'il étendait à toutes les créatures, peut

être considéré comme appartenant à la famille spirituelle du grand saint qui lui avait été donné pour
patron.

On ne le vit point convertir des loups pour obtenir
des hommes qu'ils se convertissent; mais directement, il
convertit en grand nombre des hérétiques qui avaient le
cœur plus dur que les loups des bois, qui semblaient
plus sourds à la parole divine que les poissons eux-
mêmes. Toute une province de la Savoie, le Chablais, par
l'effet de ses prédications, de protestante qu'elle était,
redevint catholique. Ce sont là des miracles de la grâce
qui valent bien tout ce que je vous ai raconté jusqu'ici de
plus merveilleux.

Ces succès, saint François de Sales les devait en
grande partie au charme de sa douceur. L'extrait suivant
d'une lettre écrite dans l'hiver de 1615 à sainte Françoise
de Chantal, vous le fera goûter et ne sera pas étranger
à notre sujet.

« Il avait fort neigé et la cour était couverte d'un bon
pied de neige, Jean vint au milieu et balaya certaine
petite place parmi la neige et jeta là de la graine à manger pour les pigeons qui vinrent tous ensemble en ce
réfectoire-là prendre la réfection avec une paix et un
respect admirable; et je m'amusai à les regarder.

» Vous ne sauriez croire la grande édification que ces
petits animaux me donnèrent, car ils ne dirent jamais
un seul petit mot, et ceux qui eurent plutôt fini leur
réfection s'envolèrent là auprès pour attendre les
autres.

» Et quand ils eurent vidé la moitié de la place, une

quantité d'oisillons qui les regardaient vinrent là autour
d'eux ; et tous les pigeons qui mangeaient encore se retirèrent en un coin pour laisser la plus grande part de la
place aux petits oiseaux qui vinrent aussitôt se mettre à
table et manger sans que les pigeons s'en troublassent.

» J'admirais la charité; car les pauvres pigeons avaient
eu si grand peur de fâcher ces petits oiseaux auxquels
ils donnaient l'aumône, qu'ils se tenaient tous rassem-
blés en un bout de la table.

» J'admirais la discrétion de ces mendiants qui ne
vinrent à l'aumône que quand ils virent que les pigeons
étaient sur la fin du repas, et qu'il y avait encore des
restes à suffisance.

» En somme, je ne pus m'empêcher de venir aux
larmes, de voir la charitable simplicité des colombes et
la confiance des petits oiseaux et leur charité. Je ne sais
si un prédicateur m'eût touché si vivement. Cette image
de vertu me fit grand bien tout le jour. »

V.

LE CHEVREUIL MOURANT.

Un chevreuil avait été pris vivant et réservé pour une
nouvelle partie de chasse. Le jour choisi par les chasseurs venu, saint François de Sales se trouva présent,
demanda grâce pour le pauvre animal, et ne put
l'obtenir.

Il se retira tout peiné dans son appartement, et le
chevreuil fut lâché. C'était ce semble la liberté qu'on lui
donnait, pure illusion ! On lui destinait la mort.

Il fuit d'un pas rapide, dans le lointain on lui voit faire quelques bonds joyeux, il a disparu. Il s'arrête, il repart, il hume l'air des champs, il retrouve les bois où il a vécu, il reconnaît ces halliers, il va brouter l'herbe sauvage, déjà les tristes cours du manoir où il a été prisonnier sont bien loin de lui.

Vain espoir de bonheur et de paix; partout sur ses traces il a laissé son fumet comme un perfide indice de la direction qu'il a prise; partout sur la terre détrempée par une douce pluie du matin est restée l'empreinte de ses pas.

Les rusés chasseurs le savent, bientôt les chiens sont mis à sa poursuite : sur cette piste toute fraîche, la meute donne à pleine voix, la trompe retentit, les chevaux partent au galop.

Le chevreuil croit entendre du bruit, il prête l'oreille, il s'inquiète. Ce n'est que trop vrai; tous ces sons bruyants qui encore se confondent, sont bien ceux d'une chasse, il les reconnaît; ils lui rappellent le jour où des sons semblables préludèrent pour lui à une dure captivité : il faut fuir de nouveau. Plus vigoureux, plus agile que nul de ses ennemis, il ne tarde pas à se mettre hors de la portée de les entendre; mais veut-il ralentir le pas, veut-il quelque peu reprendre haleine, les bruits retentissants de la chasse reviennent le presser comme un poignant aiguillon.

Qui tiendrait à toujours courir? A la longue, le malheureux chevreuil devait succomber; déjà ses jarrets sont moins souples, déjà il sent qu'il s'essouffle, déjà aucun effort ne peut même pour un instant écarter de son oreille ces sons qui, joyeux pour le chasseur, à lui, lui semblent si lugubres.

Il lui restait quelque part un ami; il y songe, il y aura recours, il revient à ce manoir dont il y a peu d'heures il était si heureux de fuir. Et comme s'il eut compris le touchant intérêt que lui avait porté saint François, c'est sous ses fenêtres qu'il cherche un refuge.

On vit le pauvre animal s'y dresser debout contre les murs, s'agiter, essayer de bondir; il semblait vouloir pénétrer jusqu'à son saint protecteur, vouloir l'inviter au moins à le secourir.

Que pouvait saint François? Détourner les yeux de ce spectacle attendrissant. Il avait épuisé la mesure de son influence, elle avait été inutile. Pour sauver le chevreuil il eût fallu un miracle, il ne croyait pas que ce fût le temps de le demander au bon Dieu.

Cependant les chiens approchaient, approchaient toujours; les voilà qui paraissent, l'air cruel, la gueule béante; le pauvre chevreuil avait épuisé sa dernière ressource, il était forcé, il ne lui restait plus qu'à subir son triste sort. Au moins eût-il en mourant la dernière consolation des malheureux, celle d'être pleuré par un ami.

Les chiens l'eurent bientôt étranglé; tandis que les piqueurs arrachaient sa dépouille à leurs dents avides, tandis que les trompes sonnaient l'hallali, tandis que les airs retentissaient de fanfares de triomphe, que les chasseurs célébraient à l'envi leurs prouesses de la journée, saint François gémissait, et lorsque pour terme de la fête, les chairs de la bête infortunée parurent sur la table comme le principal mets du repas, jamais il ne voulut en manger [1].

La fin touchante d'un animal qui avait si merveilleusement correspondu à ses sympathies, devait par elle-même exciter la commisération de saint François de Sales; mais elle devait être aussi à ses yeux l'image de la fin bien autrement lamentable du pécheur, selon qu'en les termes suivants il le rapporte lui-même de saint Anselme, archevêque de Cantorbéry :

« Étant en voyage, un lièvre poursuivi par des chasseurs vint se réfugier sous son cheval, et les chiens faisant un grand bruit tout autour, n'osèrent jamais violer l'immunité de l'asile.

» Un spectacle si nouveau pour les chasseurs les fit bien rire; mais le saint prélat, touché intérieurement de l'esprit de Dieu, leur dit en pleurant : Ah! vous riez! mais la pauvre bête n'a pas envie de rire.

» Pensez bien quel malheur c'est que celui d'une âme que les démons ont conduite de détours en détours, et de péchés en péchés, jusqu'à l'heure de la mort. Alors terriblement effrayée, elle cherche un asile ; et si elle n'en trouve pas, ses ennemis lui insultent, et elle devient leur proie éternelle [2]. »

VI.

SAINT JOSEPH DE COPERTINO ET LE MOUTON ENRAGÉ.

Connaissez-vous rien de pitoyable comme un enfant

[1] *Hist. de saint François de Sales*, par M. l'abbé HAMON.
[2] Introduction à la vie dévote.

raisonneur. Qu'un homme qui sait les choses en raisonne, c'est bien; qu'un homme qui ne les sait pas en raisonne, s'il est d'âge à les savoir, il a au moins les apparences en sa faveur; s'il peut se tromper, il peut aussi rencontrer juste. Mais voici un enfant qui ne sait pas les choses, et ne peut pas les savoir, on lui dit : Tu as fait mal! Il répond : Non, j'ai bien fait!—C'est comme ceci, mon enfant.—Non, répond-il, c'est comme cela!.. En vérité, d'un tel enfant, s'il ne se corrige bientôt, je ne saurais quel parti en tirer.

Or, il y a des choses relativement auxquelles tous tant que nous sommes, nous restons toujours des enfants. Nous servir de notre raison pour nous assurer que le bon Dieu les a dites, les a commandées, les a faites, nous le devons. Nous en servir encore pour entrevoir tout en nous y soumettant les avantages qui en résultent, rien de mieux. Mais trancher du connaisseur et déclarer quand c'est le bon Dieu qui parle ou qui agit, que ce n'est pas bien comme ceci, que ce n'est pas admissible comme cela, que ce serait plus raisonnable d'une autre manière : c'est vraiment pitoyable!

Quand le bon Dieu fait un miracle, c'est-à-dire quelque chose que lui seul il peut faire, c'est comme s'il disait : C'est moi que voici! c'est moi qui suis là! Et le vrai fidèle y court avec amour, soumet sa raison sans hésiter.

Mais à des gens qui même avec le bon Dieu font les raisonneurs, à quoi bon leur dire : Il est là? Ils demanderont et pourquoi et comment?

Vis-à-vis de pareilles gens, les miracles servent peu;

et je vous l'ai dit, rarement il en fait pour eux. Quand il veut faire un prodige de miséricorde, il touche intérieurement leur cœur, et c'est là, je vous le répète, le plus grand des miracles.

Nous sommes venus à un temps de raisonneurs et les vies des saints sont en apparence, pour la plupart, moins remplies de merveilles, des merveilles de leur empire sur les animaux comme de toutes les autres.

Savez-vous quelle conclusion en tiraient les raisonneurs ? Ils disaient : Tout ce qu'on raconte des anciens temps n'est pas vrai, et la preuve, c'est qu'on ne voit plus rien de semblable. Pour leur donner un démenti, le bon Dieu fit renaître sous leurs yeux comme un autre saint François d'Assise.

Au couvent de Notre-Dame de la Grotella, près de Copertino, dans le royaume de Naples, vivait un saint religieux, d'une humilité, d'une douceur, d'une simplicité sans pareilles. Le bon Dieu n'aime rien tant que ceux qui s'abaissent, qui se font tout petits, tout petits pour l'amour de lui ; aussi comblait-il frère Joseph des plus insignes faveurs.

Dépourvu de toute aptitude pour l'étude, frère Joseph avec la meilleure volonté du monde n'avait rien pu apprendre dans les livres : il le savait bien et il croyait se rendre justice en se désignant lui-même sous le nom de frère l'*âne*.

Mais le bon Dieu s'était bien gardé de laisser croupir son ami dans une crasse ignorance : il s'était lui-même chargé de l'instruire, il lui parlait cœur à cœur et il lui avait intérieurement enseigné la première des sciences, la science du ciel, la science qui fait les saints. Frère Joseph, ordonné prêtre, était devenu capable de se conduire dans le chemin de la perfection et d'y conduire les autres.

Né de pauvres ouvriers ruinés, il avait voulu se faire s'il eût été possible plus pauvre encore. Il avait embrassé la pauvreté par état ; il était disciple de saint François, cet amant passionné de la sainte pauvreté.

Ce bon frère était bien dans les conditions où Dieu veut les hommes pour leur rendre les prérogatives de la royauté perdue par le péché d'Adam. Plus il était détaché de tout sur la terre, plus il reprenait d'empire sur la nature.

Dans la ferme de Mollone, près de Copertino, un mouton mordu par un chien enragé était devenu enragé lui-même.

Avez-vous jamais pensé quelle horrible bête ce doit être qu'un mouton enragé ?

Il me semble voir un de ces enfants un peu lâches et paresseux qui, dans leurs jeux comme dans leurs devoirs, n'apportent pas beaucoup d'action ; mais parce qu'ils sont doux et qu'ils se laissent conduire, on espère en tirer quelque chose.

Mais voilà que dans un accès de bouderie, d'entêtement, cet être si pacifique se révolte, se met en colère ; il devient furieux, il frappe du pied, il grince des dents, vous ne savez qu'en faire. Il me représente le mouton enragé dont jamais vous ne vous êtes défié, et qui se jetterait sur vous et vous ferait une blessure mortelle si vous n'y preniez garde.

Le mouton de Mollone avait été enfermé. Je suis étonné qu'on ne l'eût pas tué tout de suite. On avait fait pour lui ce que l'on fait pour un méchant enfant ; on voulait voir s'il guérirait.

Les enfants méchants se corrigent avec la grâce du bon Dieu, les moutons enragés ne guérissent pas ordinairement. Aussi, ne fut-ce pas sans vivement l'avertir de son imprudence que l'on vit frère Joseph entrer sans précaution dans l'enceinte où était renfermé cet animal devenu un objet d'effroi.

« Quelle confiance avez-vous dans le bon Dieu ! » reprit le saint religieux.

Il savait que la pauvre créature se soumettrait à lui plus facilement que certains hommes ne se rendent aux plus douces sollicitations du bon Dieu ; peut-être même que quelques enfants ne reviennent à l'innocence, à la docilité, à la douceur, qui feraient tout leur charme.

Il s'avança donc vers le mouton et l'appela. Le mouton accourut et le serviteur de Dieu lui parla comme s'il avait pu le comprendre :

« Pauvre fou ! pauvre fou ! » lui dit-il, « que fais-tu ? que fais-tu là ? Allons, allons, retourne à ton troupeau, et qu'on n'ait plus à se plaindre de toi. »

A la voix du frère Joseph, la pauvre bête obéit. Revenu à sa douceur naturelle, de lui-même, le mouton retourna à sa bergerie, heureux d'être confondu désormais au milieu du paisible troupeau dont il avait été nécessaire de le séparer [1].

[1] *Vie de saint Joseph de Copertino*, par BERNINI.

VII.

LES DEUX LIÈVRES DE NOTRE-DAME DE LA GROTELLA.

Passant près d'une plantation d'oliviers dépendant de son couvent de Notre-Dame de la Grotella, frère Joseph y rencontra une fois deux lièvres. « Ne vous éloignez pas de l'Église de la bonne Vierge, » leur dit-il, « car il y a ici beaucoup de chasseurs qui courent après vous. »

Fidèles à cette voix amicale, les deux petits animaux ne s'éloignaient jamais de ces lieux bénis, et pour prix de leur obéissance, ils y vivaient en paix. Douce image de celle que les chrétiens goûtent à l'abri des sanctuaires de Marie. Il n'est pas bon toutefois, je vous l'apprendrai, chers enfants, de passer cette vie tout entière sans danger et sans épreuve.

Une vie trop paisible n'engendre ordinairement qu'une vie molle et sans relief, trop souvent elle fait oublier le bon Dieu.

Comme un des hôtes fortunés de ce pieux asile savourait tranquillement l'herbe tendre, une troupe de chasseurs arrive ; une meute terrible les précède ; la pauvre bête s'est élancée de sa course la plus agile, elle a fait bien des tours et des détours, elle a épuisé toutes ses ruses ; essoufflée, à bout de ses forces, elle va devenir la proie de ces horribles gueules béantes qui n'aspirent qu'à la dévorer.

Dans ce moment critique, elle a retrouvé une voie de salut plus sûre ; elle a retrouvé le chemin de l'Église,

la porte en est ouverte, elle s'y est jetée, elle l'a traversée, elle est entrée dans le couvent : elle rencontre son
saint protecteur, et d'un bond elle saute dans ses bras.

« Ne t'en avais-je pas averti, » dit alors frère Joseph
au pauvre petit lièvre, « que si tu t'éloignais de cette
Église, les chiens t'arracheraient la vie. » Puis il ajouta
en lui faisant une douce caresse qu'il lui promettait sa
protection et ne lui laisserait faire aucun mal.

Voilà cependant les chasseurs : dans tout le feu de
leur action, d'une voix hautaine, ils réclament du serviteur de Dieu le malheureux lièvre. « Il est à eux, »
s'écrient-ils, ils l'ont acquis au prix de leurs fatigues, à
la sueur de leur front, voyez comme leurs chiens sont
hors d'haleine.

Sans rien perdre de sa sérénité, le bon religieux leur
répondit avec un doux sourire : « Ce lièvre est sous la
protection de la bonne Vierge; restez tranquilles, mes-
sieurs, il ne vous appartient pas, respectez-le. »

Les chasseurs à ces mots avaient perdu toute leur arrogance. En silence et un peu confus, ils s'en allèrent.
Frère Joseph bénit le lièvre et lui dit d'aller sans crainte
reprendre sa douce pâture.

Son compagnon ne fut pas moins heureux. Les chiens
aussi, un jour, s'étaient mis à sa poursuite. Frère Joseph,
dans ce moment, passait : le lièvre vint se réfugier sous
sa robe.

Le chasseur était le marquis Côme Pinelli, seigneur
de Copertino. « Mon père, voudriez-vous me dire si
vous avez vu mon lièvre, » demanda-t-il à frère
Joseph.

« Vous le cherchez, » reprit celui-ci; « tenez, le voilà, il est sous ma robe. » Puis il le prit dans ses mains, le caressa, et ajouta : « Monsieur le marquis, ce lièvre est à moi, ne lui faites pas de mal, ne venez même plus, je vous en prie, chasser près d'ici, afin de ne pas l'épouvanter. »

Il remit alors doucement le lièvre à terre et lui dit : « Va mon petit, sauve-toi dans ce buisson et n'en bouge pas. » L'animal obéit.

Le marquis Pinelli et les autres chasseurs étaient stupéfaits ; ils le furent bien davantage lorsqu'ils virent les chiens fixer les yeux sur le lièvre, tremblants, haletants, les narines tendues, rester immobiles, sans pouvoir faire un pas.

Soyez de même les fidèles enfants de Marie, et toutes les puissances de l'enfer seront incapables de vous nuir [1].

VIII.

LE PETIT OISEAU MODÈLE.

Appelé par l'exercice de son ministère, frère Joseph allait souvent au couvent de Sainte-Claire, et jamais il ne manquait de donner aux sœurs de charitables avertissements.

« Soyez bien attentives, » leur dit-il un jour, « à réciter l'office divin, parce que je vais vous envoyer un petit oiseau qui vous surveillera, mais je vous l'enverrai moins pour savoir comment vous faites que pour vous

[1] Bernini.

exciter par son exemple à bien chanter les louanges de Dieu. »

L'effet de cette promesse ne se fit point attendre : le son de la cloche n'eût pas plutôt appelé les religieuses à la chapelle pour chanter les Vêpres ou Matines, qu'elles virent entrer par la fenêtre du chœur un joli petit oiseau. Il se mit à chanter, et par la mélodie de son gentil ramage, leur donna le signal pour célébrer ensemble leur commun Seigneur.

L'office terminé il s'envola, mais il revint au commencement de l'office suivant ; et pendant cinq ans, l'heure venue, il ne manqua jamais d'assister à tous les offices.

Une fois, il arriva par malheur que deux novices après l'office se prirent de querelle ; des gros mots, on ne savait pas si elles n'allaient pas en venir aux mains. Quel scandale dans cette maison de paix, de charité et de prière !

Le petit oiseau vola tout effaré au milieu des deux pauvres filles, témoignant par ses cris plaintifs, par les battements de ses ailes qu'il eût voulu les séparer ; il allait jusqu'à les frapper de son bec, de ses petites griffes.

Il eut le sort qui attend communément ceux qui s'entremettent entre des querelleurs, on s'en prit à lui : le petit oiseau pour prix de son zèle fut vivement frappé par l'une des novices et chassé avec beaucoup de menaces.

Il était parti et ne reparaissait plus : quatre jours s'étaient passés, c'était un grand sujet de douleur parmi les sœurs. Elles eurent recours à frère Joseph.

« Vous l'avez bien mérité, » répondit le bon frère,

« pourquoi lui avoir fait du mal , pourquoi l'avoir menacé; il ne veut plus revenir. »

Elles firent tant néanmoins, elles lui adressèrent de si vives supplications que frère Joseph promit à la fin de faire revenir le petit oiseau.

Au premier son de la cloche, elles le virent reparaître aussi gaiement, aussi gentiment qu'il l'avait jamais fait; il reprit parmi elles toutes ses habitudes. Posé tantôt sur le dossier d'une stalle, sur le coin d'un tableau, elles le voyaient toujours au milieu d'elles. Il se mettait à la portée de leurs mains , se laissait prendre, recevait leurs innocents baisers.

Une fois , une des sœurs lui attacha à la patte un petit grelot; deux mois encore après, il ne cessa de se montrer, voltigeant d'un côté et de l'autre, toujours le premier rendu aux exercices de la communauté. Arriva le Jeudi-Saint, et on ne le vit plus : le vendredi se passe , il ne paraissait pas davantage, le samedi était venu et on ne le revoyait pas ; les religieuses affligées eurent recours de nouveau à frère Joseph.

Je vous l'ai envoyé pour que vous l'entendiez chanter, « répliqua le serviteur de Dieu » et vous voulez lui faire sonner la cloche; il n'est pas venu, ne le voyez-vous pas? parce que ces jours-ci il est allé garder le tombeau de Notre-Seigneur, mais je vais le rappeler. »

Le moment était venu effectivement où le son des cloches, interrompu pendant trois jours, recommença à se faire entendre. Le petit oiseau reparut et les religieuses de Sainte-Claire ne le perdirent plus un seul jour de vue, tant que frère Joseph habita près d'elle, à Copertino. Mais quand il fut appelé ailleurs, privées de son voisinage, elles le furent aussi des miracles qu'il opérait en leur faveur [1].

IX.

LES LITANIES DE LA SAINTE VIERGE.

Notre bon frère Joseph aimait bien la très-sainte Vierge, conservant toute sa vie, relativement à cette bonne Mère, le langage d'un petit enfant; il l'appelait sa *maman*. Tous les samedis en son honneur, il allait réciter ses litanies dans une petite chapelle, située à quelque distance du couvent de la Grotella. Tous les bergers d'alentour, les laboureurs qui travaillaient dans la campagne, accouraient à sa voix, lui répondaient dévotement, se pressaient en grand nombre autour de lui.

Un jour néanmoins, personne absolument n'était venu ; c'était l'époque de la moisson, tout le monde était occupé : le temps pressait, il n'y fallait ni retard, ni interruption.

Frère Joseph en était médiocrement persuadé, ces excuses lui allaient peu ; il n'admettait pas facilement que pour quelque chose que ce fût, on remît ce qui était du service du bon Dieu, on se dispensât d'honorer sa très-sainte Mère.

Il s'en désolait, placé au-devant de la petite chapelle, il regardait de tous les côtés, de tous les côtés il n'aper-

[1] Bernini.

cevait que de nombreux troupeaux renfermés dans des parcs et laissés presque seuls, tandis que les bergers avaient couru au plus pressé.

Saisi tout à coup d'un transport de zèle, il s'écria : « Eh bien! venez, vous, bêtes du bon Dieu, venez honorer la Mère de votre Dieu et du mien! »

Tout à coup, tous ces troupeaux s'élancent du plus loin où les paroles peuvent être entendues et bien plus loin encore; les haies, les palissades sont franchies, les béliers se précipitent, les brebis laissent leurs petits agneaux, qui, les voyant partir, poussent de plaintifs bêlements.

Les bergers à cette vue accourent, font leurs efforts pour les retenir, ils les menacent de leurs bâtons ; tout est inutile. Qu'est-ce que cela veut dire? Quelque loup, se persuadent-ils, s'est montré sans doute, et une terreur panique a saisi ces malheureuses bêtes.

Nullement ! Elles ont pris par groupes divers le chemin de la petite chapelle, et en quelques bonds elles l'ont atteinte.

Frère Joseph, tout joyeux, commence alors les litanies ; les brebis lui répondent à chaque invocation par un bêlement. *Sancta Maria!* s'écrie l'homme de Dieu. *Bee!* répètent les pauvres créatures, *Sancta Dei Genetrix! — Bee!* reprennent-elles encore, et ainsi de suite jusqu'à la fin.

Les litanies terminées, frère Joseph leur donna sa bénédiction, et leur enjoignit de retourner chacune dans sa bergerie. Un instant effrayés, les bergers retrouvèrent au complet chacun leur troupeau. On ne perd jamais rien à servir le bon Dieu , et personne n'est plus fidèle à observer ses devoirs que ceux qui le servent.

Pendant ce temps-là, le saint religieux avait repris la direction de son couvent. Chemin faisant, il devait, j'imagine, répéter avec bonheur ces paroles du cantique des trois jeunes hébreux dans la fournaise :

« Bénissez le Seigneur, vous toutes, bêtes sauvages! bénissez-le, troupeaux domestiques, enfants des hommes, bénissez le Seigneur! »

Frère Joseph , après une vie pleine de vertus et de merveilles, où les épreuves aussi ne manquèrent pas pour le mieux perfectionner, mourut, comme je l'ai raconté ailleurs, de la mort des saints, le 18 septembre 1663, dans sa soixante et unième année, dans le couvent de son ordre, à Osimo, dans la marche d'Amon. En 1767, il a été canonisé et il est honoré dans l'Église sous le nom de saint Joseph de Copertino [1].

Dans le siècle dernier , il vivait dans le royaume de Naples , où était né saint Joseph de Copertino , un frère convers de l'ordre des Rédemptoristes qui rappelait comme lui saint François d'Assise par le doux et affectueux empire qu'il exerçait sur les innocentes créatures du bon Dieu. A la voix du frère Gérard Mazella, les petits oiseaux venaient aussi se poser familièrement sur ses mains. Un jour, comme il se rendait à Caposèle, gros bourg de la Principauté citérienne, pour s'occuper de la construction du couvent de son ordre, où il passa ses derniers jours , il aperçut de loin un coq dans la rue :

[1] Bernini.

« Viens ici, créature de Dieu, » lui cria-t-il ; et aussitôt le coq d'accourir en battant de l'aile. Frère Gérard le caressa longtemps, s'élevant, de la vue de ce simple animal, à la contemplation des grandeurs de celui qui l'avait fait, et pendant une demi-heure, il parut ravi et hors de lui-même.

Ce bon frère, à l'âge de vingt-neuf ans, après avoir pendant sa courte existence fait revivre les vertus et les merveilles des Saints des anciens temps, rendit son âme à Dieu, le 15 octobre 1755, en répétant des actes réitérés d'amour, de résignation et d'offrande à Jésus et à Marie ; et son corps laissa exhaler une odeur délicieuse [1].

[1] De sa vie, par le P. Tannoya.

11e BOUQUET.

TEMPS DES MISSIONS.

I.

SAINT FRANÇOIS XAVIER , LES POISSONS ET LES TIGRES.

Nous avons suivi jusqu'en des temps voisins de nous, ce que j'ai pu appeler la descendance du séraphique saint François. Je remonte maintenant à un temps plus éloigné pour vous dire quelles compensations le bon Dieu donna à son Église, lorsqu'au commencement du xvie siècle, la moitié de ses enfants lui fut enlevée et l'esprit de foi diminué chez le plus grand nombre des autres.

Le bon Dieu envoya alors aux extrémités du monde des légions de pieux missionnaires pour y fonder des chrétientés nouvelles.

Il y avait un jeune chevalier Navarrais, qui, après avoir servi, avec autant de bravoure que de loyauté, le roi d'Espagne, son maître, avait porté au service du roi des rois, le même esprit de dévouement chevaleresque.

Un Seigneur voulait-il alors, vis-à-vis de son souverain engagé dans une guerre difficile, faire preuve d'un grand zèle, il levait pour lui une compagnie d'hommes d'armes. De même saint Ignace, car c'est lui dont je vous parle , pour combattre dans les intérêts du bon Dieu, alors si compromis, institua la compagnie de Jésus.

Parmi les premiers compagnons de saint Ignace, était

saint François Xavier. Né d'une illustre famille au château de Xavier, dans la Navarre, le 7 avril 1506, tandis que ses frères suivaient la carrière des armes, il avait prétendu arriver à la gloire par l'étude des lettres. Il s'était déjà fait une haute réputation dans l'université de Paris, lorsque saint Ignace, après sa conversion y vint lui-même terminer ses études, et éclairé de Dieu sur les éminentes qualités de son jeune compatriote, résolut d'en faire un saint comme lui.

François tout imbu de ses rêves de grandeurs humaines résista ; mais « *que sert à un homme de gagner l'univers et de perdre son âme,* » lui répétait Ignace. Et à la fin, touché de la grâce, François se rendit.

En 1534, après avoir fait des vœux qui le liaient pour toujours au service du bon Dieu, avec les huit autres compagnons que s'était associé saint Ignace, il partit pour Rome ; six ans après il la quitta, à la sollicitation du roi du Portugal, pour aller évangéliser les grands Indes.

Avant son départ, le bon Dieu lui avait fait apercevoir de vastes mers, des tempêtes, des écueils, des îles désertes, des pays barbares ; ils lui promettaient la faim, la soif, la nudité, les persécutions, toutes les peines, tous les dangers, toutes les souffrances, et on l'avait ouï s'écrier : *Encore plus, Seigneur, encore plus!*

Voilà la mesure de ce qu'il entendait faire pour le bon Dieu !

Quelques années après il était à Goa, dans les Indes, au moment de partir pour le Japon. Inondé de délices spirituelles comme ce corps mortel ne peut en porter, on le voyait se promener dans le jardin du collége, fondé par lui dans cette ville, découvrant sa poitrine pour amortir l'ardeur du feu divin qui le consumait, et s'écriant avec transport : *C'est assez, Seigneur, c'est assez !*

Voilà la mesure de ce que le bon Dieu entendait faire pour lui.

Pendant l'espace de dix ans, ses travaux furent immenses et ses miracles sans nombre ; il fit des chrétiens par centaines de mille.

Il séyait bien à ce grand pêcheur d'hommes de voir répéter en sa faveur la merveille de la pêche miraculeuse par laquelle le Sauveur avait voulu figurer le succès de la prédication évangélique.

Etant à Congoxima, au Japon, et se promenant au bord de la mer, saint François Xavier rencontra des pêcheurs. Ils tendaient leurs filets, les tiraient toujours vides et se plaignaient de leur mauvaise fortune. Il eut compassion d'eux, et après avoir fait un peu de prière, il leur conseilla de pêcher de nouveau.

Ils le firent sur sa parole, et ils prirent tant de poissons et de tant de sortes, qu'à peine purent-ils tirer leurs filets.

Ils continuèrent leur pêche les jours suivants avec le même succès, et la mer de Congoxima jusque-là peu poissonneuse le fut depuis extrêmement, comme une image de tant de contrées où le vrai Dieu n'était pas connu, et qui s'étaient remplies de chrétiens.

Les bêtes féroces, au contraire, nous représentent les démons. L'île de Sancian, sur les côtes de la Chine était désolée par les tigres ; saint François l'en délivra, comme pour marquer la diminution du royaume de Satan dans la même mesure où celui du bon Dieu était augmenté.

« Ces cruelles bêtes sortaient en troupe des bois, dévoraient non-seulement les enfants, mais les hommes qui s'écartaient trop des retranchements que l'on avait fait pour s'en défendre. »

Une nuit le serviteur de Dieu alla au-devant des tigres, et les voyant proches, il leur jeta de l'eau bénite, leur commanda de se retirer et de ne reparaître jamais. Le commandement eut son effet, toute la troupe prit la fuite, et depuis on ne vit plus de tigres dans l'île.

Cette île, en effet, devait être réputée particulièrement sainte; l'apôtre des Indes et du Japon, quand il l'avait abordé, était en route pour aller joindre à ses conquêtes spirituelles celle de la Chine. Il ne la quitta plus que pour aller au ciel. Tourné vers le pays, où l'appelait une sainte ambition, comme pour en montrer le chemin à ses frères, que son exemple y devait conduire bientôt après, les yeux fixés sur son crucifix, il fut saisi d'une joie céleste, et rendit doucement son âme à Dieu, le 2 décembre 1852 [1].

II.

LE VÉNÉRABLE JOSEPH ANCHIETA [2] ET LES PANTHÈRES, SES AMIES.

Selon la tendance de ses dispositions naturelles, sa situation, la spécialité de ses œuvres, entre les privi-

---

[1] *Vie de saint François Xavier*, par le Père Bouhours; L. P. Croiset, année chrétienne.

[2] *Vie du P. Anchieta*, par le P. Beretarius; id., par M Ch. Ste-Foi.

léges dont le bon Dieu ne manque jamais de combler ses amis, il en est, je vous l'ai dit, de plus particulièrement propres à chacun d'eux. Ce que fut saint François d'Assise au milieu des vives croyances du moyen-âge, saint Joseph de Copertino au travers de notre Europe raisonneuse du dix-septième siècle, le vénérable serviteur de Dieu, dont nous allons nous entretenir, le fut dans le cours le plus héroïque des missions de la compagnie de Jésus.

Placé dans l'ordre des temps entre saint François Xavier et les bienheureux Pierre Claver et Jean de Britto, tandis que ces illustres missionnaires et leurs nombreux émules, parmi tant d'autres merveilles, manifestèrent plus rarement et en des occasions moins éclatantes l'empire sur les animaux dont nous recherchons les exemples, le vénérable Joseph Anchieta en usa comme d'un don habituel d'une manière si absolue, qu'il mérita le nom de *Nouvel Adam*.

Il était né en 1534 d'une noble famille portugaise, à Jéneriffe, l'une de ces îles, qui sur la côte occidentale de l'Afrique, désignées sous l'heureux nom de *Fortunées* par les anciens, sont connues des modernes sous celui de Canaries.

Entré dans la compagnie de Jésus à l'âge de 17 ans, au moment où elle allait perdre saint François Xavier, il fut envoyé presqu'aussitôt comme missionnaire au Brésil.

Dans les immenses contrées que le jeune missionnaire eut à évangéliser, il y avait beaucoup de chrétiens qui oubliaient le bon Dieu, beaucoup de pauvres sauvages qui ne le connaissaient pas; il consacra sa vie à le faire aimer aux uns, à le faire connaître aux autres, à le faire servir à tous.

Souvent il voyageait à pied par des routes inconnues et réputées impraticables, exposé pendant des mois entiers à toutes les intempéries des saisons, n'ayant pour toute nourriture que des fruits sauvages.

Pieds nus, il franchissait d'affreux précipices, traversait des sables brûlants, des marais fangeux, et derrière lui il laissait en traces sanglantes les marques de ses pas.

Rencontrait-il quelqu'un des sauvages habitants de ces lieux délaissés, il prenait son crucifix, le levait en l'air comme un étendard, puis, de loin, il tendait les bras, et de la voix et du geste s'efforçaient de faire comprendre à ces pauvres gens tout le bien qu'il leur voulait. Il allait à eux, les pressait contre son cœur, et il n'était pas rare qu'il réussît à les gagner au bon Dieu.

Souvent aussi il rencontrait des hommes si cruels et si méchants, qu'ils n'avaient d'autre idée en le voyant que de le tuer et le manger.

Plus d'une fois il fut leur prisonnier, et il les entendait délibérer sur la manière dont ils s'y prendraient pour faire leur horrible repas. Mais le bon Dieu sut toujours à temps le tirer de leurs mains.

Naturellement au milieu de ses courses aventureuses, l'ardent missionnaire aurait eu non moins de dangers à courir de la part des bêtes féroces. Lorsqu'il passait la nuit sans nul abri au milieu des forêts, il lui était ordinaire de les entendre rugir autour de lui. Tout autre en eût été glacé d'effroi.

Pour lui de leur part , il n'avait rien à craindre.

Les panthères et les tigres étaient avec lui comme les animaux les mieux apprivoisés. Il les appelait, ils venaient à sa voix, il les caressait, il leur donnait à manger dans sa main.

Il passait une nuit avec un frère de son ordre et d'autres voyageurs sous une tente dans les montagnes de la province de Rio-Janeiro. Au plus profond des ténèbres, il était sorti pour aller selon sa constante habitude consacrer en plein air quelques heures à la prière.

Comme il rentrait dans la tente , il prit une grappe de bananes et la jeta au dehors en disant :

« Prenez, mes petits , prenez ! »

« A qui donc , mon père , parlez-vous là? » lui demanda le frère.

« A mes bons compagnons, » répondit le saint missionnaire.

Le lendemain, on reconnut sur la terre les traces de deux panthères; c'étaient elles qui s'étaient familièrement approchées de l'homme de Dieu tandis qu'il faisait sa prière, elles qui l'avaient suivi jusqu'à sa tente, elles qu'il appelait ses bons compagnons.

Or, il faut que vous le sachiez , ces animaux si doux avec le vénérable saint Auchieta , dépassent naturellement tout ce que l'on connait d'instincts les plus cruels et les plus sauvages.

« Un jeune tigre d'un mois, sa mère tuée, avait été pris vivant; il écumait de rage, ses rugissements étaient affreux, » raconte un missionnaire, témoin de cette scène dans ces mêmes solitudes du nouveau continent; « il se jetait sur tout le monde, même sur ceux qui lui apportaient à manger ; heureusement que ses forces ne répondaient pas à son courage, autrement il les eût tous dévorés.

Voyant qu'on ne pouvait l'apprivoiser, craignant que ses rugissements n'attirâssent les tigres du voisinage, on lui attacha une pierre au cou et on le jeta dans l'Uraguay [1].

A rigoureusement parler, ni le lion, ni le tigre ne se rencontrent en Amérique, mais diverses espèces de léopards et de panthères, toutes différentes de celle de l'ancien monde, auxquels on donne improprement le nom de lion et de tigre. Ainsi quand les missionnaires et les voyageurs, dans ces contrées, parlent de la férocité du tigre, il faut l'entendre de l'animal avec lequel le P. Anchieta entretenait des rapports de si prodigieuse amitié, ou d'un animal fort analogue.

Si de telles bêtes ne savaient témoigner à ce saint homme qu'affection et respect, convenez aussi, c'est sur ce point que je veux surtout fixer votre attention, qu'il était bien bon pour elles.

Quelque méchants que soient certains hommes, soyez toujours bons pour eux. C'est une œuvre très-méritoire que de visiter les prisonniers. C'en est une plus méritoire encore d'assister les criminels, condamnés à mort. Il est rare que leur obstination résiste à une bonté persévérante.

[1] Lettres édifiantes, lettres du P. Cat. 1729.

III.

LES SERPENTS SOUMIS.

Il n'y a pas de lieux au monde où les serpents soient plus à craindre qu'au Brésil. Là se trouvent ces terribles serpents à sonnette dont la morsure est presque toujours immédiatement mortelle.

Chez nous, la vipère, le plus dangereux de nos reptiles, cesse de l'être, dès qu'on l'aperçoit avant d'être à sa portée ; il est toujours facile alors de l'éviter, le plus souvent elle fuit.

Ces grands serpents du nouveau monde ont une vigueur qui leur permet de poursuivre leurs victimes.

Des Indiens avec qui voyageait le Père Anchieta fuyaient devant un de ces animaux : « Arrêtez, arrêtez, leur cria-t-il, et toi téméraire, dit-il au serpent, viens ici. » Et il le saisit entre ses mains, le montra à ses compagnons, et en prit sujet de parler avec enthousiasme des grandeurs de Dieu.

« Il n'y a point de créature, leur disait-il, le visage tout en feu, qui ne fût soumise à l'homme, si l'homme était soumis à Dieu. »

Ce discours terminé, il donna sa bénédiction à ce serpent et lui permit de se retirer paisiblement.

Dans une autre occasion, son compagnon de voyage assailli également par un serpent venimeux, appela le serviteur de Dieu à son secours.

Le Père Anchieta ordonna à la vilaine bête de venir à ses pieds ; elle y vint, il la reconnut pour l'avoir vue précédemment, et lui dit : « Oh ! c'est trop fort, ne t'ai-je pas corrigée une autre fois ? Tu n'es donc pas devenue meilleure ? »

Puis, la pressant légèrement du pied, comme pour se moquer d'elle, il ajouta : « Mords, mords donc, et venge sur moi toutes les injures que j'ai faites à Dieu, mon Créateur et le tien. »

Mais le serpent levant la tête comme pour demander pardon, ne fit que lécher doucement le pied qui le foulait.

Vous auriez eu grand peur, n'est-il pas vrai, de voir cette petite langue aiguë comme la voyait le bon missionnaire sur son pied nu? d'autant plus de peur que vous imaginez peut-être comme beaucoup de gens, que c'est la piqûre de cette sorte d'aiguillon qui est mortelle. Les serpents ne piquent pas, ils mordent. C'est sous leur dent qu'est caché tout leur venin.

Celui-ci avait perdu toute intention de nuire, le saint homme lui donna sa bénédiction, et après lui avoir intimé l'ordre de ne jamais plus faire de mal à personne, il lui laissa la liberté.

L'empire du vénérable Père sur les reptiles venimeux fut si grand, qu'il continua à produire ses effets longtemps après sa mort, en faveur des religieux de son ordre, les Jésuites.

Dans un pays où les serpents sont si nombreux et les accidents occasionnés par leur morsure si fréquents, il n'y a pas d'exemple qu'au Brésil aucun membre de la Compagnie en ait jamais été atteint.

On en cite plusieurs comme le Père Mathieu Faletti et

le Père Antoine d'Oliveira qui, dans l'obscurité de la nuit, en ont pris impunément dans leurs mains pour des morceaux de bois.

Le Père Emeri Nunez en vit un s'entortiller autour de son cou; le Père Antoine Rangel en sentit un autre qui lui léchait légèrement la tête à la place de la tonsure; il leur suffit à tous d'invoquer le Père Anchieta pour que ces horribles bêtes s'éloignassent sans leur faire aucun mal.

Ah ! qu'il avait bien raison, le bon Père, quand il disait que l'homme, parfaitement soumis à son Créateur, verrait toutes les créatures lui être soumises.

Vous ne pouvez songer à exercer sur elles cet empire, parce que vous n'êtes pas assez soumis au bon Dieu; vous n'êtes pas uniquement occupés de lui plaire.

Mais dès à présent, dans l'état où vous êtes, vous pouvez dire : je n'ai rien à craindre, parce que toutes les calamités les plus redoutables, toutes les bêtes les plus nuisibles ne peuvent me faire de mal sans la permission du bon Dieu, à qui elles sont soumises.

Voit-on le danger, il faut savoir aller au-devant pour remplir un devoir, pour faire une bonne action; alors on marche, si l'on a du cœur, comme s'il n'y avait rien à craindre.

Quand il n'y a pas de bien à faire, qu'il n'y a pas de devoir à remplir, il faut éviter le danger : la prudence l'exige.

Mais aussi là où il n'apparaît pas, il ne faut pas se mettre dans la tête des craintes chimériques ; on se confie au bon Dieu et l'on va en toutes circonstances comme s'il n'y avait rien à craindre.

IV.

LES PERROQUETS DANS LA BARQUE DU PÈRE ANCHIETA.

Le vénérable Père Anchieta apercevait-il de la fenêtre de sa chambre des hirondelles, des colombes, d'autres oiseaux, il les appelait ; ils volaient à lui ; il les carressait affectueusement et leur rendait la liberté après les avoir bénis.

« Allez, maintenant, » disait-il, « et continuez à louer votre Créateur. »

Dans ses voyages par terre, au milieu des mers, embarqués sur les fleuves, les oiseaux venaient de même se poser sur ses épaules, sur son bréviaire, avec une confiance, une familiarité ravissante.

Le respect et l'admiration qu'en concevaient pour lui les sauvages ne contribuait pas peu au succès de ses missions.

Une troupe de perroquets s'était, en volant sur la mer, écartée bien loin du continent : était-ce imprudence et confiance présomptueuse en la puissance de leurs ailes, ou avaient-ils été emportés par les vents plus loin qu'ils ne voulaient ? toujours est-il qu'au terme de leurs forces les pauvres bêtes s'abattirent sur la première barque qu'ils rencontrèrent. Par bonheur pour eux, le Père Anchieta s'y trouvait.

Les matelots déjà, dans leur pensée, en avaient fait leur affaire : l'un allait mettre la main sur celui-ci ; l'autre, sur celui-là, et Dieu sait quel eût été leur sort : une mort certaine pour la plupart ; pour les plus heureux, une étroite captivité le reste de leur vie.

Mais comme s'ils eussent reconnu le Père Anchieta, ces oiseaux s'attroupèrent autour de lui en quelque sorte pour réclamer sa protection.

« Pauvres petits, » leur dit-il, « venez et posez-vous sur mon sein, je vous défendrai. »

Il ne permit pas en effet que personne n'y touchât; il les combla des plus douces caresses, et lorsque la barque se fut rapprochée du rivage, après une heureuse traversée, il les laissa libres de reprendre, avec une bruyante gaieté et la bénédiction du bon Dieu; le chemin de leurs bois.

S'il vous arrive jamais, comptant trop sur vos forces ou emporté par quelque bourrasque imprévue, de vous trouver trop engagé sur la mer de ce monde, c'est-à-dire au milieu des affaires, des intérêts, des plaisirs qui n'ont point le bon Dieu pour objet, et de vous éloigner de la terre ferme de la pratique religieuse, jetez-vous à quelque bon prêtre dont le cœur sera pour vous la barque du Père Anchieta; vous y retrouverez le repos, la paix; elle vous ramènera dans les frais bocages du service de Dieu, où vous avez passé vos premières années.

V.

LE SINGE VOLEUR.

Tout est bon, quand on peut le faire sans nuire à personne et sans manquer aux prescriptions de la loi divine; tout est bon, même de simples amusements pour rire, si le ministre du Seigneur, après avoir fait doucement épanouir les âmes, a pu, par là, s'ouvrir un accès plus facile pour les porter au bon Dieu.

Le Père Anchieta, au fond, n'avait d'autre pensée que de témoigner de l'amour au bon Dieu et de le faire aimer ; mais, comme l'on dit, on ne prend pas les mouches avec du vinaigre ; c'est-à-dire que pour attirer les gens à soi, pour leur faire entendre de bons conseils et de salutaires exhortations, il faut d'abord leur montrer quelque chose qui leur plaise.

Parmi les animaux, s'il en est quelqu'un qui soit fait pour amuser, c'est à coup sûr le singe. Avez-vous jamais vu faire de si drôles de grimaces, de si légères gambades ?

Je vous dirai cependant à cette occasion : regardez-les, mais ne les imitez pas. Ce qui est joli pour un singe, serait fort laid pour un enfant. On dit laid comme un singe, on dit aussi malin comme un singe ; on pourrait ajouter voleur comme un singe : autant de traits par lesquels il importe beaucoup de ne pas lui ressembler.

Dans le district du Saint-Esprit, un singe des plus malins et des plus voleurs exploitait une sucrerie, c'est-à-dire une plantation de cannes à sucre. C'était à son profit et au grand détriment du propriétaire qui l'avait plantée.

Après avoir fait un bon régal, notre singe avait l'œil si perçant et le pied si agile, que ni piége, ni guet, n'y pouvaient rien. Regarder d'un côté, c'était lui donner le temps de sucer de l'autre une belle canne. Retournait-on les yeux, le drôle, d'un bond, s'était déjà mis en sûreté, et de plus, vous faisait des grimaces, comme pour se moquer de vous.

Quel remède y apporter ? il n'y en avait pas d'autre

que de recourir au Père Anchieta. Le maître de la sucrerie vint lui présenter sa supplique.

« Soyez tranquille, » lui répondit le saint missionnaire, « quand il reviendra, je lui donnerai la correction qu'il mérite. »

Le singe revint ; mais cette fois, il avait trouvé à qui parler. Le serviteur de Dieu le fit venir à ses pieds et lui dit : « Jusques à quand continueras-tu de voler ? Garde-toi désormais de toucher, sans permission, à quoi que ce soit ; reviens, si tu veux, mais attends qu'on te donne et ne prends rien. »

Si le singe ne fût pas revenu, tout eût été fini : il fallait quelque chose de mieux ; il revint et ne fit plus de mal ; mais comme c'était un singe passé maître, il fit de si jolis tours, qu'il devint pour toute la maison, à chaque fois qu'il paraissait, un grand sujet de divertissement.

Je ne doute pas que toujours aussi il ne reçût pour récompense quelques bons morceaux qui, sans faire aucun tort au maître de la sucrerie, ne lui laissèrent à lui-même rien à regretter de sa vie de rapine.

VI.

LA FAMILLE DE SINGES DANS LA DOULEUR.

Tous les singes, quoi qu'on en dise, ne sont pas aussi rusés ; en voici qui, à leur tour, jouèrent le rôle de dupes et de victimes.

En la compagnie de quelques pêcheurs, le Père Anchieta naviguait sur un fleuve et se dirigeait vers la ville de Saint-Barnabé. Un grand singe, à la longue barbe, singe mal avisé, s'il en fût, se tenait sur leur passage, perché sur un arbre.

Qu'y faisait-il? C'était un curieux, sans doute. La curiosité en a perdu bien d'autres. Il fut percé d'une flèche.

A ses cris d'autres singes accoururent ; ses frères, ses amis, que sais-je, ses petits, sa femelle, peut-être. Son triste sort excita de leur part de vives lamentations. Leur douleur aurait dû exciter la pitié ; les pêcheurs n'en avaient guère ; les flèches volent et deux ou trois autres singes tombent également atteints.

Qui sait jusqu'où eût été le massacre. Le bon missionnaire l'arrêta. « Amusez-vous avec eux, » dit-il à ses compagnons, « mais ne les tuez pas inutilement. » Et, se tournant vers les singes : « Venez, venez et continuez de pleurer la mort des vôtres, je vous garantis qu'il ne vous arrivera plus aucun mal. »

Les singes se livrèrent alors librement à leur désolation en poussant de grands cris, des cris de grande douleur, mais à des hommes, une douleur de singe doit paraître comique.

Les compagnons du saint homme en durent bien rire, et je ne doute pas qu'il ne les laissât faire sans désormais leur adresser aucun reproche. Quand ils eurent joui tout leur content de ce spectacle, s'adressant de nouveau aux singes, il leur dit : « Assez, maintenant allez vous-en avec la bénédiction de Dieu, autrement vous courriez risque d'être tués aussi vous ; » et les singes se retirèrent.

Je ne puis vous faire connaître toutes les merveilles de

la vie du B. P. Anchieta, je me contenterai de vous dire encore qu'il prêchait avec tant de charme et de persuasion, que dom Pierre Lectan, évêque du Brésil, disait de lui qu'il aimait mieux entendre ce *Canari* que d'écouter tous les autres prédicateurs ensemble, le comparant par allusion au lieu de sa naissance à l'un de ces petits oiseaux sur lesquels le saint missionnaire exerça un si doux empire.

Après quarante-quatre ans de fructueux travaux dans les missions, le serviteur de Dieu mourut le 9 juin 1597, en prononçant les noms de Jésus et de Marie. Le procès de sa béatification fut commencé bientôt après : nous ne pouvons encore lui donner que le titre de vénérable ; mais il faut espérer qu'il recevra un jour celui de bienheureux, et qu'il sera honoré sur les autels.

VII.

UN MOT SUR DEUX SAINTS MISSIONNAIRES.

Le bon Dieu distribue ses dons avec une admirable variété : La vie des bienheureux Pierre Claver et Jean de Britto, non moins riche en prodiges que celle du Vénérable Joseph Anchieta, le fut d'une autre manière. Ils se montrèrent, quant aux animaux, plus soucieux de souffrir par mortification, le mal qu'ils pouvaient en recevoir que de les tenir dans l'état d'assujétissement où le bon Dieu les aurait mis si la demande lui en eût été faite.

Dans sa mission des grandes Indes, où il marchait sur les traces de saint François Xavier, le B. Jean de

Britto n'ayant souvent pour s'abriter que de misérables réduits qui lui étaient disputés par les rats, les serpents et d'autres vilaines bêtes de toute sorte, jamais ne demanda à Dieu de le délivrer de cet incommode et dangereux voisinage. Mais quand il s'agissait de ses néophytes, il savait très-bien les protéger contre la morsure des plus redoutables reptiles. Leurs champs étaient-ils ravagés par des sauterelles, il leur suffisait d'y répandre de la cendre qu'il avait bénite pour les préserver de ce fléau.

Souvent par leurs âpres piqûres, les moustiques mettaient le B. Pierre Claver tout en sang; voulait-on les chasser, il assurait qu'ils lui étaient fort utiles, qu'ils le saignaient sans lancette. Voulait-on les tuer, alors il soufflait doucement dessus pour les faire envoler et les conserver pour une autre fois, comme de salutaires instruments de pénitence.

Toujours sévère pour lui-même, le saint missionnaire habituellement était plein de douceur et de bonté pour les malheureux nègres, au salut desquels il s'était dévoué pour les gagner à Dieu; il n'est pas de services si rebutants qu'il ne leur rendît. Je pourrais vous dire quelle commisération il montra pour une pauvre négresse à laquelle il remit dans leur premier état tout un panier d'œufs qu'elle avait cassés.

Cependant, rencontrait-il parmi ces infortunés une âme endurcie dont le mauvais exemple en pouvait compromettre beaucoup d'autres, il savait reprendre avec une force toute évangélique. Il avait menacé de la colère de Dieu un méchant nègre incorrigible; ce misérable disparut : pour le retrouver on fouillait les halliers, les marécages, les réduits les plus cachés; on y rencontra un énorme crocodile, le monstre fut tué, et dans son corps, que trouva-t-on? Les restes encore faciles à reconnaître du coupable. Pour faire respecter la parole de son serviteur, sans attendre qu'il le lui demandât, le bon Dieu s'était servi du terrible animal comme d'un exécuteur de sa justice.

Né en Catalogne, de 1581 à 1585, entré dans la compagnie de Jésus en 1602, le B. Pierre Claver mourut à Carthagène en Amérique, en 1654. Dans ce moment, à vingt lieues de là, une bonne négresse le vit en songe à côté de Notre-Seigneur Jésus-Christ, vêtu d'une robe si brillante que ses yeux en étaient éblouis, il a été béatifié.

Le B. Jean de Britto, né en Portugal en 1647, entré dans la compagnie de Jésus en 1662, fut martyrisé le 4 février 1693; le jour de son supplice, son visage resplendissait d'une joie divine; il s'avança vers le bourreau, l'embrassa affectueusement et reçut comme une grâce précieuse le coup de cimetère qui l'envoya au ciel, il a été mis au rang des bienheureux en 1853.

Ainsi chacun des saints va dans l'éternelle patrie par le chemin où la grâce les conduit.

Il n'entre pas dans mon sujet de vous tracer un tableau, même abrégé, de l'ensemble des missions; si j'avais à l'essayer, combien d'autres saints missionnaires n'aurais-je pas à vous faire connaître.

Je n'avais pas non plus à vous faire l'histoire de l'Église; mais j'ai été bien aise, tout en poursuivant notre sujet principal, de vous donner une idée pendant la succession des âges, de l'étendue et de la variété des services rendus par les saints.

Désormais l'Évangile, s'il n'est suivi, est connu à tous les coins du globe. Le bouquet destiné à terminer ce recueil y figure comme une espérance de ce que l'Église, notre mère bien-aimée, peut attendre des chrétientés nos sœurs, répandues par-delà les mers.

12ᵉ BOUQUET.

TEMPS DE CHRÉTIENTÉS NOUVELLES.

I.

LA ROSE.

Entre les fleurs il n'y en a pas de plus belle que la rose, entre toutes elle est reine par le doux éclat de sa couleur, par la suavité non moins douce de ses parfums, comme entre les animaux le lion est roi par sa force ; l'aigle entre les oiseaux par la puissante majesté de son vol ; entre les arbres, le chêne par la vigueur séculaire de ses rameaux.

Cette belle fleur vous sera plus chère encore, si vous pensez qu'elle est l'image de la reine des vertus, de la charité.

Voyons quelle est la charité : vous aimez le bon Dieu, il vous est cher entre toutes choses, plus cher que votre propre vie, car c'est lui qui vous l'a donnée, lui qui la conserve, lui seul qui peut la rendre heureuse ; cet amour que vous avez pour le bon Dieu, c'est la charité.

Vous aimez aussi le prochain, il vous est cher comme vous-même pour l'amour de Dieu, c'est le complément indispensable de la charité.

Vous aimez votre père, votre mère, vos frères, vos sœurs, tous vos parents, les maîtres qui vous dirigent, les compagnons de vos études et de vos jeux, les gens qui vous servent ; vous les aimez d'autant plus qu'ils vous tiennent de plus près par les liens du sang ou les habitudes de la vie, selon en un mot qu'ils sont plus proches de vous.

Mais dans un sens tous les hommes sont vos proches, je dirai plus, tous les hommes sont vos frères; ils sont tous membres de la grande famille dont le bon Dieu est le père, ils sont tous ensemble au même titre, avec vous, ses enfants, ils sont votre prochain, et vous devez les aimer comme vous-même; comme vous-même ils doivent vous être chers.

Admirable charité, don ineffable du bon Dieu, qui dans un seul amour, comprend tous les amours!

Vous donnez à un pauvre : c'est peu de lui donner, encore faut-il l'aimer; vous obéissez à votre maître, c'est peu de lui obéir, il faut aussi l'aimer; vous remerciez l'honnête serviteur qui vous consacre sa vie à pourvoir à vos besoins, c'est rien de le payer, c'est peu de le remercier, il faut aussi l'aimer.

Le jardinier qui fait croître les aliments qui servent à vous nourrir, le cuisinier qui les prépare; cette excellente créature que vous appelez votre bonne, et qui a pour vous les soins d'une seconde mère, il faut les aimer et ils vous aimeront.

Quoique vous donniez, quoique vous fassiez, si vous ne le faites avec amour, ce n'est pas la charité, et sans la charité tout ce que vous pourrez faire de bien ne vous servira pas de grand chose, les gages que payeront vos parents n'aquitteront point vos dettes, le morceau de pain que vous jetterez au malheureux, les leçons que vous apprendrez ne vous serviront point pour le ciel.

Et vos jours se passeront sans qu'on en voie éclore une seule fleur, sans que vous puissiez faire mûrir un seul fruit.

Aimez le bon Dieu, aimez le prochain, et chacune de vos actions sera comme une belle rose qui ne se fanera jamais.

La charité est dans le cœur comme un feu qui brûle. Qui le brûle et le consume pour celui que l'on aime, c'est pourquoi la couleur du feu, le rouge, est l'emblême de la charité. Il y en a une autre raison, c'est que la plus grande marque de charité que l'on puisse donner, c'est de répandre son sang, c'est de mourir comme les martyrs pour la gloire de Dieu et le salut de son prochain, et le rouge est encore la couleur du sang.

La douce couleur de la rose est le rouge adouci par le mélange du blanc ; la charité qu'elle vous rappelle doit en effet s'associer à la pureté, dont la blancheur du lis est l'image ; de cette manière la rose, par son éclat tempéré, rappelle aussi l'humilité sans laquelle il n'est pas de véritable vertu.

La plus précieuse des roses, celle qui au plus vif éclat de la charité, réunit les plus douces saveurs de la pureté ; celle qui ne demanderait qu'à se cacher et qui brille dans le monde entier, c'est Marie, c'est la mère de Dieu, c'est la vierge des vierges. L'Eglise lui en donne le nom : *Rose mystérieuse !* l'appelle-t-elle ; rose dont personne sur la terre ne peut pénétrer toutes les beautés.

Plusieurs vierges privilégiées, ont mérité après Marie, de porter le nom de cette reine des fleurs ; après sainte Rosalie, la patronne de la Sicile, sainte Rose de Viterbe le dut d'abord à l'époque de l'année où elle naquit, qui était celle où naissent et fleurissent les roses ; encore plus au jour où elle fut baptisée, honorée alors en souvenir de la très-sainte Vierge sous le nom du Dimanche des Roses.

Sainte Rose de Lima le reçut ensuite parce que dans son berceau sa figure apparut un jour à sa mère semblable à la rose la plus fraîche.

L'une et l'autre de ces aimables fleurs de sainteté, dans l'excès de leur amour pour le bon Dieu, ne trouvaient pas que ce fût assez de leur voix pour le louer et le bénir, j'ai dit autre part la charmante familiarité des petits oiseaux, qui journellement le célèbrent dans leurs chants, pour sainte Rose de Viterbe, encore toute petite enfant; comment ils venaient habituellement manger dans sa main. Je vous raconterai ici comment sainte Rose de Lima les appelait à son aide, pour chanter avec elles les louanges divines. Je vous ferai connaître auparavant un joli trait de son enfance.

II.

LE BEAU COQ MUET.

Née à Lima, à la fin du XIIe siècle, de Gaspard de Florès et de Maria de Oliva, la petite Rose était une charmante enfant pleine de douceur et de commisération. Il y avait dans la maison un poulet d'une rare beauté.

Sur les ailes, sur le dos, son plumage était varié des plus riches couleurs ; son cou resplendissait comme orné d'un collier de pourpre, sa queue s'étalait à l'égal d'un brillant arc-en-ciel; toute la famille en faisait ses délices; c'était une joie de penser que, devenu grand, on pourrait en avoir une couvée de petits qui lui ressembleraient.

Le poulet grandit et devint un coq; mais par malheur, nulle beauté ne pouvait en dédommager, c'était un être lâche et paresseux; toujours couché, à peine avait-il le courage de se tenir quelquefois debout, et pour ce qui est de ses chants, on ne connaissait pas le son de sa voix.

A quoi bon un coq qui ne chante pas ?

« Oh ! oh ! puisqu'il en est ainsi, tu iras à la broche, mon bel ami ! » s'écria un jour la mère de Rose, en présence de son mari et de ses enfants, réunis pour le repas de la famille. Et il fut décidé que le soir même on égorgerait cet oiseau inutile, que le lendemain on en ferait un excellent mets à servir sur la table.

Cette décision avait vivement affecté la petite Rose, qui l'avait entendue prononcer comme les autres. Elle s'en alla au devant du malheureux condamné et lui dit, avec une simplicité enfantine : « Chante donc, mon poulet; chante et tu ne mourras pas. »

A peine avait-elle prononcé ces paroles, que le coq, en présence de toute la famille, se leva tout à coup sur ses pieds, étendit vivement les ailes et chanta d'un ton clair et joyeux. Puis il se remit à marcher à grand pas et à diverses reprises recommença à chanter avec force.

Ce fut, à ce spectacle, de la part des assistants, le plus joyeux éclat de rire qui se soit jamais vu. La sentence de mort fut révoquée; tout le monde applaudit, et aux applaudissements, le coq, l'air fier, la tête haute, répondait par des chants de plus en plus répétés.

17

Ils le furent à tel point, que pendant quelque temps on n'entendait plus chanter que lui ; tout le voisinage en retentissait. Les enfants et les domestiques s'amusèrent à compter : dans l'espace d'un quart d'heure, il avait chanté jusqu'à quinze fois.

Quant à sa postérité, la première espérance de la mère de Rose ne fut pas trompée non plus. Bientôt après, il donna naissance à toute une couvée de magnifiques poulets.

Vous venez de voir à quelle inutilité la paresse condamne les plus beaux dons de la nature. Jugez aussi combien féconde peut devenir la plus simple parole de commisération [1].

III.

LES CONCERTS DE MOUSTIQUES.

Au commencement du voyage de cette vie, il vous semble, chers enfants, que tout doit vous sourire ; ne vous imaginez pas toutefois que vous la traverserez sans avoir jamais quelque chose à souffrir. N'auriez-vous à repousser aucun dangereux ennemi, vous aurez à supporter quelques hôtes incommodes. M'est-il bien permis même de me contenter de ce terme, quand j'ai à vous parler de ce petit insecte que nous appelons un cousin.

Est-il rien d'agaçant comme de l'entendre sonner du clairon à nos oreilles, quand nous voudrions nous endormir. Venons-nous à céder au sommeil, il nous inflige

[1] *Vie de sainte Rose*, par Léonard Hausen.

une cuisante piqûre. En plein jour même , il nous attaque avec audace, et combien de fois, par la crainte de
son désagréable voisinage , nous sommes-nous interdit le
calme des bois, le repos au bord d'une fraîche fontaine.

Notre cousin d'Europe , cependant, n'est rien , si on
le compare aux cousins des pays plus chauds auxquels
on donne le nom de moustiques, et pour l'âpreté de leur
aiguillon et pour leur innombrable multitude.

Après une journée brûlante de la zone torride, lorsque
le soleil, au terme de sa course, ne lance plus à la terre
que des rayons adoucis ; lorsque lui succèdent les lueurs
affaiblies du crépuscule, la fraîcheur du soir, la sérénité de la nuit, c'est alors que l'on voudrait aller humer
l'air, goûter le bonheur de se sentir vivre. Mais c'est le
moment aussi où des légions de moustiques prétendent
au même privilége.

Du dessous de chaque feuille, de chaque fente de
rocher, ils sortent par milliers ; vous les voyez prendre
leurs ébats en épais tourbillons, et malheur à vous si vous
vous en approchez de trop près ; malheur encore plus à
vous, si vous croyez pouvoir goûter le repos de la nuit,
sans, comme d'un bouclier, vous armer contre eux d'une
sorte de voile, auquel on donne le nom de moustiquaire.

En vérité, si l'expérience n'avait appris à s'en défendre,
ce serait un fléau aussi insupportable que le furent pour
Pharaon et les Égyptiens la plaie des moucherons ou
celle des grosses mouches.

Ce que le bon Dieu fit pour les Israélites et la terre de
Gessen, qu'ils habitaient, toujours exempts des plaies

qui affligeaient le reste de l'Égypte, il le fit pour sainte Rose en un petit hermitage qu'elle avait obtenu d'habiter dans le jardin de la maison paternelle.

Les moustiques ne fuyaient pas de ces lieux ; attirés par l'humidité du sol et d'épais bosquets qui le couvraient, ils y vivaient au contraire en innombrable multitude, mais toujours en grande paix avec la sainte qui les habitait.

Dans le réduit de cinq pieds de long sur quatre de large qu'elle s'y était fait, Rose se trouvait à l'aise parce qu'il y avait place pour elle et pour Jésus, son divin époux ; parce que jour et nuit, elle y pouvait penser à lui ; parce que personne ne venait l'y troubler sans la permission de son confesseur.

Cette permission, sa mère et quelques autres personne privilégiées, l'obtenaient quelquefois pour venir parler du bon Dieu avec elle.

Bonne nouvelle alors dans le peuple des moustiques. Ordre en effet ne leur avait point été donné d'étendre jusqu'aux visiteurs l'alliance qu'ils avaient contractée avec la maîtresse de ces lieux. Aussitôt ils accouraient au son de la trompette et malheur à qui ne savait pas avec assez de vigilance préserver sa figure et ses mains de leurs nombreux bataillons, le sang coulait, la peau se couvrait de petites tumeurs.

Sous le coup de la douleur, les blessés s'étonnaient que Rose pût le jour et la nuit vivre en pareille compagnie. Etait-ce excessive patience de sa part, ou avait-elle quelque recette ignorée pour se préserver de l'atteinte de ses cruels voisins ?

A ces questions, la sainte laissait échapper un sourire ;

elle déclarait ensuite qu'elle avait fait un traité avec ces petites bêtes : il était convenu qu'elles ne la troubleraient point dans ses exercices de piété, mais à la condition aussi qu'elle ne leur ferait jamais de mal , et qu'elle ne leur refuserait pas le bénéfice d'une commune habitation.

Ce traité de paix était de part et d'autre fidèlement observé. Il fut même possible à Rose de l'étendre à quelques-uns de ses amis.

Sœur Catherine de Sainte-Marie, comme elle du tiers ordre de saint Dominique , était venue la visiter. D'une main rapide elle avait infligé la mort à l'un de ces insolents insectes qui déjà s'était gorgé de son sang.

« Que faites-vous, ma chère sœur ! » s'écria Rose , prenant un air presque menaçant, « vous tuez mes hôtes. »

— « Ce ne sont pas des hôtes, mais des ennemis ; voyez comme il était déjà gros de mon sang. »

— « Qu'est-ce que ce peu de sang que vous a pris ce petit animal, en comparaison du sang du Sauveur, qui si souvent nous nourrit. Faites seulement en sorte de ne plus tuer mes moustiques, et moi réciproquement je vous promets que désormais ils observeront vis-à-vis de vous , la paix à laquelle ils demeurent fidèles à mon égard. »

Sœur Catherine le promit, et à dater de ce jour, jamais ni moustique ni cousin ne la piqua, ne chercha à lui enlever une goutte de sang.

Rose obtint la même faveur pour sa mère, pour don Gonsalve de la Massa, questeur royal, au service duquel elle entra plus tard pour subvenir aux besoins de ses parents ruinés ; pour dona Maria de Usatigni, femme de ce magistrat, et pour plusieurs autres personnes.

Mais ce n'est pas là encore le plus merveilleux ; les moustiques étaient pour sainte Rose des chœurs de musiciens auxquels elle faisait chanter à grand orchestre les louanges du bon Dieu.

Aussitôt qu'au milieu du feuillage commençaient à se glisser les premiers rayons du jour, Rose ouvrait sa petite fenêtre, et s'adressant à ceux qui avaient passé la nuit près d'elle : « Allons mes petits amis, » s'écriait-elle, « les louanges de Dieu tout-puissant ! »

Aussitôt, comme s'ils eussent attendu un signal convenu, les moustiques se prenaient tous à tourbillonner en cadence, leurs mille bourdonnements aigus éclataient à la fois avec accord, comme différents chœurs dont chacun eût fait sa partie sous la conduite d'un habile maître d'orchestre.

Le concert fini, les musiciens se dispersaient, et chacun prenait son vol où l'appelaient les besoins de sa vie.

De même, lorsque le soleil à son coucher les avertissait de songer à la retraite, et qu'ils se rapprochaient de l'humble hermitage, Rose leur ordonnait avant de prendre leur repos de louer avec elle de nouveau le créateur de toutes choses.

Aussitôt, obéissants, ils remplissaient la cellule d'une nouvelle mélodie, jusqu'à ce que la vierge du Seigneur leur dit de cesser avec tout mouvement le bruit harmonieux de leurs ailes, car l'heure du repos était venue.

Je vous comparais la cellule de sainte Rose à la terre de Gessen, ce n'était pas assez; c'est du paradis terrestre dont elle était l'image, c'est du ciel dont tous les habitants mettront leur bonheur à chanter sans fin la gloire du bon Dieu [1].

IV.

LE CHANT DE SAINTE ROSE ET DU PETIT OISEAU.

Après avoir passé une matinée dans l'Église en longues prières, Rose à son retour se sentait pressée par le besoin; elle détrempa un peu de pain dans l'eau et alla dans une maison voisine chercher un tison pour allumer du feu et faire cuire son maigre potage.

Comme elle en revenait, elle rencontra sur son chemin un petit oiseau qui chantait. Elle s'arrêta pour l'écouter un instant; dans sa pensée, puisqu'il chantait, il ne pouvait que chanter les louanges de Dieu.

Le petit oiseau chantait toujours, et Rose ne se lassait pas de l'entendre; avait-il terminé une roulade, il en commençait une autre, puis reprenait et reprenait encore.

« Quoi! se disait Rose tout en l'écoutant, ce petit animal, sans raison, passe son temps à louer ainsi celui qui l'a créé sans songer à sa pâture, et moi j'irais employer le mien à me préparer de grossiers aliments? »

« Voyez, pour le peu qu'il a reçu de l'auteur de toutes choses, l'humble animal consume tout ce qu'il a de force, tout ce qu'il a de talent pour lui rendre hommage, et

[1] Léonard HAUSEN.

moi toute occupée de manger, je ne m'inquiète pas de rendre grâces à Dieu pour tant de biens dont il m'a comblé... »

A ces mots elle détourna les yeux sur le tison qu'elle tenait à la main, toute la partie qui en était enflammée avait été consumée et il s'était éteint, elle s'en aperçut avec surprise. Elle ne comprenait pas que cela eût pu arriver aussi vite pendant les courts instants qu'elle avait cru s'arrêter à écouter le petit oiseau. Sans qu'elle s'en doutât, des heures entières auraient pu ainsi se passer.

Elle se mit alors elle aussi à chanter les louanges du bon Dieu avec tant d'amour qu'elle en perdit les sens, et le soir vint la surprendre au milieu de son ravissement.

Ce qu'elle avait admiré dans le petit oiseau, elle-même l'avait fait, dans l'entraînement des chants d'amour elle avait oublié le boire et le manger.

La dernière année de sa vie, tous les soirs pendant le carême au coucher du soleil vis-à-vis de sa chambre, un autre petit oiseau venait se poser sur un arbre.

La sainte épouse de Jésus-Christ en chantant lui adressait cette gracieuse invitation.

« Philomèle, détens les douces fibres de ta voix, louons à l'envi le Seigneur, célèbre ton Créateur, je rendrai grâces à mon Sauveur; louons ensemble notre Dieu.

» Ouvre ton petit bec, gonfle ta petite gorge, tour à tour ma voix répondra à la tienne dans une suave mélodie. »

Le petit oiseau, en effet, se mettait à chanter, il tirait

de son gosier ce qu'il savait de plus harmonieux ramage ; il élevait la voix, la baissait, la modulait en mille accords, puis il s'arrêtait laissant à Rose à reprendre sa strophe.

Elle le faisait avec un surcroît de transport et d'amour.

Puis le petit oiseau de recommencer ; elle ensuite : et tous les deux ainsi pendant une heure, ils se répondaient à l'envi sans jamais s'interrompre l'un l'autre.

Tant qu'elle chantait, le petit oiseau gardait le silence ; toujours aussi pour le rompre, elle attendait qu'il eût cessé de chanter.

L'heure terminée, le petit oiseau s'envolait pour ne revenir que le lendemain, et Rose s'écriait :

« O mon Roi, à t'aimer, quel est l'être qui ne me convie, n'êtes-vous pas Créateur et moi créature. Mon petit oiseau s'en est allé, il ne m'accompagne plus de ses chants ; mais vous Seigneur, vous me restez. Dieu ! vous êtes toujours avec moi [1] ! »

Que ce soit aussi à nous, chers enfants, notre morale, tout le reste peut nous manquer, le bon Dieu ne nous manquera pas, et que nous faut-il de plus ? Toujours il est l'œil qui nous voit, l'oreille qui nous entend, le bras qui nous soutient, celui qui au besoin nous relève. Où irons-nous qu'il ne nous ait précédés ? Où nous cacherions-nous qu'il n'y répande sa lumière ? En lui nous avons le mouvement et la vie, en nous il habite, en nous il règne ; il y habite, il y règne par sa grâce, si

[1] Léonard Hausen.

nous lui sommes fidèles; il y habiterait encore, parce qu'il remplit tout, il y règnerait malgré nous avec sa justice, si nous voulions, par le péché, l'en mettre dehors.

Oh! mon Dieu, non! soyez-y comme un bon maître qui surveille, pour les empêcher de faire mal, les enfants confiés à sa garde et les dirige; soyez-y comme un ami attentif; soyez-y comme le meilleur des pères.

Ce que je vous ai demandé pour moi, ce que je vous ai demandé pour ces enfants, avant que je n'aie articulé ma prière, vous me l'avez accordé, car c'est là l'unique désir de votre cœur divinement paternel. Mon Dieu! nous sommes à vous et vous êtes à nous, que pourrions-nous désirer de plus sur la terre, que pourrions-nous attendre de plus dans le ciel?

V.

LA COLONIE DE SOURIS.

Sainte Rose fut la première des fleurs de sainteté, éclose au soleil du nouveau monde, qui mérita d'être solennellement honorée sur les autels après une mort si sainte que même sur la terre elle ne put exciter d'autre sentiment que la joie la plus douce.

En 1836, nous avons vu béatifier en quelque sorte sous nos yeux, deux frères convers, le bienheureux Martin de Porrès et le bienheureux Jean Massias, qui contemporains de sainte Rose, sous l'habit de saint Dominique comme elle, édifièrent également la ville de Lima par une sainte vie et une sainte mort. Tous les deux issus de noble famille, tous les deux de profession humble et pauvre, unis pendant leur vie d'une sainte amitié, ils ont été la même année élevés aux honneurs des autels.

Le premier, le bienheureux Martin de Porrès, était né à Lima même, de dom Juan de Porrès, noble castillan et d'une humble négresse nommée Anna Vélasquez, le 9 décembre 1579, cinq ans avant sainte Rose, à laquelle il survécut plus de vingt ans, après avoir eu avec l'angélique servante de Dieu de ces liaisons de prières et d'entretiens pieux comme il y en a entre les saints. Mulâtre, il avait pris presque entièrement le teint de sa mère, et son exemple sert à prouver que Dieu parmi ses élus n'admet pas plus la distinction des couleurs que celle des races, mais celle-là seulement qui se fonde sur le degré des vertus. Dom Juan de Porrès, chevalier de l'ordre d'Alcantara, officier au service du roi d'Espagne, n'avait sans doute pas trouvé dans le nouveau monde la fortune que semblait devoir y attendre tous ceux qui allaient l'y chercher, car son ambition pour son fils n'avait pas été plus loin que d'en faire un barbier, profession qui lui permettait il est vrai, d'aspirer aussi au rôle plus relevé de chirurgien. Le jeune Martin se montrait déjà expert dans son double métier, lorsque les vertus qui avaient germé en lui dès sa plus tendre enfance, portant de plus en plus leurs fruits, il résolut à l'âge de quinze ans d'entrer dans l'ordre de saint Dominique, et d'y entrer comme frère lai du plus humble degré, pour y remplir les emplois ordinairement réservés aux derniers des serviteurs. L'orgueil de son père s'en offensa, mais l'humilité du jeune homme sut triompher de tous les obstacles, et si dans la suite, le poste relativement élevé de premier infirmier du couvent du saint Rosaire, lui fut confié pendant la plus grande partie de sa vie, ce fut à raison de la rare aptitude qu'on lui reconnut pour le remplir.

Il n'entre pas dans mon plan de vous faire connaître les merveilles de sa foi, de son immense charité, ses ravissements, ses extases, ni même de vous dire en combien de manières il exerça sur les animaux appelés aussi par lui du nom de *frères*, le merveilleux pouvoir dont vous avez déjà vu tant d'exemples dans les saints; sans même vous raconter quels soins compatissants il donna une fois à un pauvre chien blessé, une autre fois à un malheureux oiseau de proie qui l'était également, et comment il réussit à les guérir, et obtint leur reconnaissance, je me contenterai de vous dire sa commisération singulière pour les souris. Le bienheureux Martin était si bon qu'on le vit en effet prendre soin de ces malheureuses bêtes que tout le monde ne songe qu'à détruire.

Elles avaient fait d'incroyables dégats dans la sacristie de l'Église de son couvent, beaucoup de linges, de riches ornements avaient été mis en lambeaux. Le frère sacristain s'apprêtait à mettre en jeu tous les engins de guerre imaginables pour exterminer cette race maudite.

« Ne le faites pas, mon frère, » lui dit le bienheureux Martin, en l'abordant avec douceur. « Ne le faites » pas ! les souris ne sont-elles pas aussi des créatures » de Dieu? Les pauvres bêtes n'ont-elles pas à souffrir » toutes les fois qu'elles ne trouvent pas de quoi vivre. »

Puis il prit un panier, le plaça au milieu de la sacristie et se mit en prière; sa prière fini, il prit un air de commandement et ordonna à toutes les souris, autant qu'il y en avait dans ce lieu, de sortir de leur refuge, de leurs trous, de leurs réduits et de venir toutes se rassembler dans le panier. Aussitôt dit, aussitôt fait : c'était à qui accourrait le plus vite; de tous les recoins et recoins, par toutes les issues, on vit les souris, grandes et petites, venir où elles étaient appelées.

Alors le bienheureux Martin prit le panier et les emporta dans un coin du jardin; il leur recommanda d'y rester et se chargea lui-même de pourvoir fidèlement à leur nourriture. C'était profit pour tous et pour les souris et pour le frère sacristain. Mais la sacristie ainsi délivrée, l'infirmerie ne l'était pas, et les souris y faisaient de tels ravages, que le frère sous-infirmier jura à son tour de leur faire une guerre à mort. « Eh quoi! reprit vivement le bon frère Martin. « Si vous leur donniez à » manger, comme on vous le donne, elles ne feraient » aucun mal. » Dans ce moment, il aperçut une de ces timides et malheureuses petites bêtes : « Ma sœur la » souris, » lui dit-il, « vous n'êtes pas bien ici, vous » n'y êtes pas en sûreté; va donc, avertis toutes tes » compagnes qu'elles s'en aillent toutes dans le jardin » où sont les autres, je leur donnerai chaque jour ce » qui leur sera nécessaire, et désormais, elles ne cour- » ront plus risque d'être prises et tuées à chaque » instant. »

A ces mots, la messagère obéissante partit, parcourant les toits, les caves, les greniers, le derrière de tous les meubles, et bientôt sur son avis, de toutes les parties de la maison sortirent des souris ; elles franchirent les corridors, traversèrent le cloître, et toutes se réunirent dans la partie du jardin qui leur était assignée.

Là, le bienheureux en prit soin, et pas un jour il ne manquait de porter à manger à cette colonie de petits animaux ordinairement si nuisibles et devenus entièrement inoffensifs. Il semble, dit l'auteur de sa vie, que ce fut de leur part comme un acte de reconnaissance pour le bien qu'ils devaient à leur saint protecteur. Nous pouvons dire avec plus de raison, que le bon Dieu se chargeait de récompenser son serviteur, et ajouter : Pour son amour, faites du bien aux plus petits, aux plus délaissées, aux plus indignes des créatures, et soyez assuré qu'il vous en récompensera.

Il ne s'en tint pas là pour le bienheureux Martin de Porrès, il attacha à son invocation une telle efficacité pour se préserver du mal que font les souris et les rats, qu'il suffisait pour les éloigner d'une maison d'y placer son image ; on l'appela *le saint contre les souris*, et dans ses images il en est ordinairement entouré.

Le bon Dieu réservait au bon frère une autre récompense plus digne de l'un et de l'autre ; le 3 novembre 1639, il l'appela à lui et le bienheureux Martin laissant tomber sur son cœur le crucifix qu'il tenait en ses mains, répondant à cet appel, rendit doucement son dernier soupir [1].

[1] *Vie du bienheureux Martin de Porrès*, par le P. Vincent DE MODÈNE.

VI.

L'ANE QUÊTEUR.

De deux ans plus jeune que son saint ami, frère Jean
Massias était né en Espagne, dans la province d'Estra-
madure, le 2 mars 1585, aussi de parents nobles, mais
tombés dans la dernière pauvreté. Pour comble de malheur, il les avait perdus dès l'âge le plus tendre, et à cinq
ans on l'avait vu petit berger garder un troupeau de
moutons et commencer à gagner sa vie et celle d'une
petite sœur plus jeune que lui. Ne vous en étonnez pas,
il était de ces enfants qui à peine sortis du berceau font
déjà pressentir qu'ils seront des saints, et le bon Dieu le
traitait comme il traite les saints.

Un jour que le petit Jean gardait son troupeau, il
avait vu venir à lui un enfant de son âge ; cet enfant
l'avait gracieusement salué et lui avait dit être saint Jean
l'évangéliste, son saint patron, envoyé à son aide sous
la figure d'un petit enfant pour l'assister d'une manière
plus douce et plus aimable.

A peine arrivé à l'âge de la jeunesse, Jean Massias,
conduit par la voix de Dieu, était parti pour l'Amérique
où il était entré, comme je vous l'ai dit, dans l'ordre de
saint Dominique, et il était devenu portier du couvent
de la Magdeleine de Lima.

Accompli en toutes sortes de vertus, le serviteur de
Dieu avait un singulier amour pour les pauvres. Pauvre
lui-même, il ne pouvait les secourir qu'en mendiant pour
eux : il le faisait volontiers ; mais les soins de son emploi

ne lui en laissaient pas toujours le temps ; pour y suppléer que faisait-il ? Il avait un âne, il l'envoyait tout seul faire l'office de frère quêteur. Le bon animal, chargé d'un bât et de deux paniers, s'en allait fidèlement de porte en porte, selon l'ordre qu'il en avait reçu. Il s'arrêtait jusqu'à ce que le maître de la maison l'eût aperçu, et ne bougeait pas qu'il n'eût reçu l'aumône attendue ; il parcourait ainsi les rues, les places de la ville, n'oubliait pas surtout les marchés ; il était connu et les bonnes âmes ne manquaient pas de lui faire bon accueil : là il recevait un morceau de pain, ici du poisson, des légumes ou un reste de viande, voire même de l'argent ; les enfants pour jouer auraient été tentés quelquefois de lui faire quelque malice, d'autres jetaient un regard de coupable avidité sur son riche butin. Mais notre âne savait parfaitement se défendre ; au besoin il montrait les dents et lançait la ruade, et gare au mal-appris qui avec mauvaise intention se fût approché de lui. Ainsi remplissait-il sa charge, rapportant joyeusement à son maître les aliments qui allaient, entre les mains de celui-ci, rendre la vie aux veuves, aux orphelins, aux vieillards, aux malades.

Le bienheureux Jean Massias, lorsqu'arriva le moment où il devait aller recevoir sa récompense, en fut averti par son ami et son protecteur, saint Jean l'évangéliste, et les mains croisées sur sa poitrine, les yeux levés au ciel, il fit un acte de charité plus ardent que les autres, et rendit à Dieu l'âme qu'il en avait reçue, le 16 septembre 1645[1].

[1] *Vie du bienheureux Jean Massias*, par le Père CIPOLETTI.

Depuis, les immenses régions du nouveau monde, inconnues aux siècles de foi, ont continué de se peupler et se peuplent tous les jours de milliers de chrétiens. Là comme ailleurs, la cause du bon Dieu souffre bien des des vicissitudes. Essaye-t-on d'y compter les enfants qui lui demeurent constamment fidèles, les sujets de peine se présentent plus aisément que les raisons de se réjouir.

Jetons-y cependant, je le répète, des yeux d'espérance, et persuadons-nous que les hommes ne fermeront jamais si bien l'accès aux bienfaits du bon Dieu qu'il n'en trouve où les répandre ; soyons assurés que la sainte Église, autant elle livrera de combats, autant elle remportera de victoires.

ÉPILOGUE.

De chacune de nos histoires, chers enfants, nous avons fait en sorte de tirer quelque bonne conclusion pratique ; l'une vous a dit d'être pieux, l'autre d'être sage, l'autre d'être patient : l'obéissance, la franchise, la douceur, le courage successivement vous ont été enseignés, non plus sous le voile de la fiction comme dans les fables, mais par des traits de la vie des saints où le bon Dieu, pour les honorer et nous instruire, a fait agir réellement les animaux sans raison comme je vous l'ai raconté.

De ces exemples, vous ne conclurez pas assurément que pour imiter les saints, vous deviez jamais aller dans les déserts pour apprivoiser les lions, ni courir dans les bois après les loups, pour leur apprendre à ne plus manger les moutons. Mais ce qui vous est possible, c'est, quelque bête que vous voyiez, de penser que c'est le bon Dieu qui l'a faite, et qu'il s'est proposé en la créant de la faire servir à sa gloire et de nous la rendre utile.

Exercez-vous vis-à-vis de ces humbles serviteurs que le bon Dieu vous a donnés à la pratique des vertus auxquelles vous êtes tenus envers les hommes. Avez-vous jamais vu un homme très en colère ? Il s'en prend à tout, même aux êtres inanimés, il s'irrite contre eux, il les frappe ; il frappe son fauteuil ou sa cheminée !...

Qui est doux, au contraire, l'est en toutes choses.

Voulez-vous élever vos cœurs plus haut ? Que nul animal ne passe sous vos yeux, que sa vue ne vous suggère quelque bonne pensée. Est-ce le rossignol qui chante ? Est-ce la chèvre qui broute ? Est-ce un petit lapin qui bondit ? Est-ce un lézard qui au soleil fait briller sa robe d'émeraude ? Est-ce l'abeille qui voltige de fleur en fleur ? Vous direz gloire soit au bon Dieu qui fait chanter le petit oiseau, qui nourrit les troupeaux, qui fait courir les bêtes des bois, qui pare avec éclat jusqu'à l'humble reptile, qui dans le suc des fleurs a préparé un si doux miel !

Oh ! si vous connaissiez les secrets du bon Dieu, combien chacun des êtres de la création vous paraîtraient plus admirables encore, combien vous trouveriez en chacun d'eux des motifs de louer, de bénir leur souverain auteur ; comme vous trouveriez que chaque chose a été créée dans sa juste mesure.

On raconte que dans une île où les moineaux faisaient beaucoup de dégâts aux récoltes, leur tête fut mise à prix, et on réussit à tous les détruire jusqu'au dernier.

Mais qu'arriva-t-il l'année suivante, il y eut dans cette île une telle multiplicité de chenilles que les récoltes furent bien autrement compromises.

Les moineaux ne faisaient que manger une partie des grains déjà mûrs, les chenilles rongeaient le blé en berbe, dévoraient les bourgeons des arbres avant qu'ils n'eussent apporté aucun fruit, elles enlevaient jusqu'à l'espérance d'en recueillir.

Il fallut repeupler l'île de moineaux; on ne trouve pas de meilleur remède à ce nouveau fléau, le blé qu'ils pouvaient manger, tout bien compté, n'était pas un salaire trop élevé pour payer les services qu'ils rendaient en faisant la guerre aux chenilles.

Vous en concluriez, j'en suis sûr, que tout eût été pour le mieux, si on avait pu réussir à si bien anéantir ces insectes malfaisants, qu'il fût devenu possible de se passer de ces mercenaires dispendieux.

Je ne sais ce qui serait arrivé dans cette île si ce double vœu se fût réalisé ; mais si par impossible le pouvoir vous était donné d'un mot de faire disparaître de la face du monde toute une espèce d'insecte, si vile et si nuisible qu'elle fût réputée, vous devriez bien vous garder de le prononcer.

Comment?—Oui, il est à croire, sans que vous sachiez comment, que vous y perdriez plus que vous n'y gagneriez. Le bon Dieu a tout fait avec nombre, poids et mesure, il n'a rien fait d'inutile, tout se compense, s'équilibre dans son ouvrage.

Si nous ne voyons pas comment, c'est que nous sommes des ignorants, et la véritable science serait celle qui nous mettrait le mieux en voie de nous en instruire.

Il est tel animal pour vous aujourd'hui un objet de mépris, d'horreur ou d'effroi, qui mieux connu vous ravirait par les perfections que le bon Dieu a mises dans son organisation et son instinct; qui exciterait vos transports de reconnnaissance pour la bonté divine, si vous saviez les services qu'il vous rend.

Combien d'autres qui nous seraient non moins utiles, si nous savions nous en servir selon la pensée du bon Dieu. Qui sait s'il ne suffirait pas de les réduire au nombre le mieux approprié à leur véritable destination, de leur rendre leur juste rôle dont nous les avons nous-mêmes peut-être maladroitement déplacés?

Sans sortir de l'île dont nous parlons, qui sait si ces insectes si désastreux, dans les conditions de multiplicité que leur avait laissé prendre la destruction des moineaux, leurs ennemis naturels, n'avaient pas leur réelle mesure d'utilité inconnue dans le nombre même où les maintenaient la proportion établie par le bon Dieu entre les moyens d'attaque dirigés contre eux et les moyens de défense et de conservation dont ils étaient pourvus.

L'oiseau destructeur a l'œil perçant, l'aile rapide, le bec aigu, et peu d'insectes lui échappent; l'insecte trouve autant de refuges que les arbres ont d'aspérités sur leurs troncs, de feuilles sur leurs rameaux : quelques-uns de sa race réussissent à s'échapper. N'y en eût-il qu'un seul, sa fécondité est si prodigieuse qu'il suffirait à la saison nouvelle pour en faire revivre des milliers.

Le résultat de cette lutte incessante, c'est qu'il n'y en a pas trop et qu'il y en a assez.

Tout ce qui est sorti des mains du bon Dieu est bien fait, admirablement fait ; il n'est aucune de ses œuvres qui ne soit bonne, qui ne soit belle en son lieu, en son temps, et qu'il ne destine peut-être à une glorification spéciale quand il renouvellera le monde. Bénissons donc le bon Dieu en toutes choses. Empruntons les paroles du prophète David, des jeunes hébreux dans la fournaise, de tous ceux qui ont loué dignement sa divine majesté, faisons un appel à toutes les créatures et commandons-leur de louer, de bénir ce maître aussi puissant que sage, ce père aussi tendre que prévoyant, qui nous a fait pour lui et les a faites pour nous :

Soleil et lune, louez le Seigneur ; étoiles de la nuit, lumière du jour, louez le Seigneur !...

Feu, grêle, neige, glaces, tourbillons et tempêtes qui obéissez à sa voix ;

Montagnes et collines ; arbres qui portez des fruits, et cèdres des forêts ;

Bêtes sauvages, troupeaux sans nombre, reptiles et oiseaux du ciel ;

Louez le Seigneur !... Louez-le, exaltez-le à jamais ! (*Ps.* 148.)

TABLE DES MATIÈRES.

POITIERS.—TYPOGRAPHIE DE HENRI OUDIN.

.UR.

pour les enfants

Mgr l'Evêque
és sur papier

angile et les
du *Vénérable*
Mgr l'Evêque

e au
avec
8".

auteur

Ecoles
ur Mgr l'Ar-

Bouhours, avec
tée du *Précis de*
du *Martyre du Ja-*
12.

et le Martyrologe ro-
avec une Prière et des
tructions sur les Fêtes
t refondue et considé-
pa. S. G. Mgr l'Evêque de

S. — TYPOGRAPHIE DE HENRI OUDIN.

www.ingramcontent.com/pod-product-compliance
Lightning Source LLC
LaVergne TN
LVHW021748090726
842862LV00028B/651